ハンダづけを
はじめよう

Marc de Vinck 著

テクノ手芸部 監訳

鈴木 英倫子 訳

© 2018 O'Reilly Japan, Inc. Authorized translation of the English Edition.
© 2017 Marc de Vinck This translation is published and sold by permission of
Maker Media Inc., the owner of all rights to publish and sell the same.

本書は、株式会社オライリー・ジャパンが、Maker Media, Inc の許諾に基づき翻訳したものです。
日本語版の権利は株式会社オライリー・ジャパンが保有します。日本語版の内容について、
株式会社オライリー・ジャパンは最大限の努力をもって正確を期していますが、
本書の内容に基づく運用結果については、責任を負いかねますので、ご了承ください。

本書で使用する製品名は、それぞれ各社の商標、または登録商標です。
なお、本文中では、一部の TM、®、© マークは省略しています。

Getting Started with Soldering

Marc de Vinck

わが妻、Cristaへ

目 次

vii　刊行によせて

viii　はじめに

001　**1章 │ ハンダづけってなんだろう?**

003　ほかの種類のハンダづけ

006　ハンダづけ(ロウづけ)と溶接の違い

009　エレクトロニクスのハンダづけ

011　**2章 │ ハンダづけの基本的な道具と材料**

016　どんなハンダごてを買うべき?

018　　– いい道具、すごい道具、そして買ってはいけない道具!

023　　– でも、ほかにどんな種類のハンダごてがあるでしょう?

025　　– 放電式ハンダごて

026　　– ハンダごてのまとめ

027　ハンダごての付属品

035　作業を支えよう

039　道具のまとめ

039　材料

040　　– ハンダ

042　　– フラックス(ヤニ)

044　　– 材料のまとめ

045　プロジェクト:ポータブルなミント缶吸煙器

055　**3章 │ ハンダづけをしよう**

057　ハンダごてと作業場所を準備しよう

062　プリント基板をハンダづけしよう

070　ハンダづけがうまくいった後は、部品の足を切ろう

072　基板なしで配線や部品をつなぐには

081　4章│トラブルシューティングと失敗したときの直し方

082　よくある間違い
082　　– コールドジョイント
083　　– ハンダが足りないとき
084　　– ハンダをのせすぎたとき
086　　– 熱しすぎたとき
087　　– 動かしすぎたとき
088　　– 部品の足を基板にハンダづけしてしまったとき
089　ハンダを取り除く、いろいろな方法
094　はがれたランドの修復

097　5章│上級者向けハンダづけ

099　道具
105　素材
108　シンプルな表面実装部品のハンダづけの方法
111　たくさんの端子がある表面実装部品のハンダづけの方法
115　失敗してしまったら―部品の取り除き方と修理の方法
117　まとめ

119　付録A│紙箱で作るハンダの煙吸い取り器
129　付録B│暗くなるとほんのり光る小さなライト

136　索引
140　監訳者あとがき

刊行によせて

エレクトロニクスの世界があなたを待っています。LEDやボタン、モーターやマイコンの素敵な王国です。では、この王国のカギと言えば？　それはもちろん、みなさんご存じのハンダごてでしょう！　この地味な道具は永らくの間、道具箱に放り込まれ、家の配線が切れたときにだけ取り出されてきました。あなたのハンダごてが、ペンタイプであろうと、ガスカートリッジ式であろうと、素敵なステーション型であろうと、ハンダづけによって**たくさん**のことができるのです。

第一に、身の回りのものを修理することができます！　とっても素敵なヘッドホンを、断線のせいで捨ててしまったことはないですか？　これは、たった10分で直せます。また歩道の敷石を乗り越えた衝撃で、自転車のライトが壊れたことはありませんか？　ハンダごてを使って修理すれば、新品同様になるでしょう。

そしてまた、新しい何かを作ることだってできるのです！

コスプレ衣装やパーティ用ドレスにLEDをハンダづけしてグレードアップしましょう。もしAV機器の接続をするとき、手作りケーブルを作ることができれば、とても便利でしょう。工作キットを選び、（私が名づけるところの）「ハンダ刺繍」を楽しむのもいいでしょう。

熱いし、金属を扱うし、ハンダごての種類はいっぱいあるし……といったことで、ハンダづけに対して、最初はちょっと怖いような気がするかもしれません。でも、これはそんなに大変なことではなく、現に何百万もの人々がこの便利なスキルを習得しています。さらにこの本の著者であるマークは、ハンダづけのみならず、**あなた**のような初心者の導き方まで知っているエキスパートです。

準備はできましたか？　それでは、はじめましょう。

レディ・エイダ（Ladyada）こと、リモア・フリード

[Adafruit Industries 創設者]

vii

はじめに

　僕のハンダづけ体験は、10年前にロングアイランドシティ在住の人に、工作キットを注文したところから始まりました。このキットは、残像（POV）回路でした。一列になったLEDで構成されていて、特定の速度でオンオフを繰り返します。もしすべてがうまくいったら、これを振り動かすことで空中に文字や絵を描くことができるというものでした。なんて素敵なんでしょう！

　たった1つ問題だったのは、ハンダづけをしなければならないということでした。僕はその前にもハンダづけをしたことはありましたが、プリント基板のような意欲的なものをハンダづけしたことはありませんでした。結局、格安のハンダごてを買い、どうにかしてハンダづけをして、それを動かしました。このときの達成感は驚くべきほどで、僕はハンダづけやエレクトロニクスをさらに勉強しようと夢中になりました。

　ハンダづけについて勉強することは、ちょっと怖いことでした。あらゆる種類のハンダごてとこて先があり、さらにあらゆる種類のハンダがあったからです。こんなに多くの種類の選択肢があるなんて、誰が知っていたでしょう？

　ちなみに、僕がPOV回路のために買った格安のハンダごては、その後火事を起こしてしまいました！（ご心配なく、本書ではあなたが適切な道具を選ぶ方法についてきちんと説明します。）

　僕は、ほかのメイカー（電子工作愛好者）からアドバイスをもらったり、インターネットで情報や動画を調べたりして、ハンダづけについての知識のほとんどを身につけました。とりわけ、ハンダづけと電子キットの製作に、何年もの経験を積みました。そんな中、僕はMaker Faireでハンダづけ教室を立ち上げ、何千もの若者や子どもたちにこの役立つスキルを伝えました（このハンダづけ教室は、現在Googleがスポンサーをしています）。

この本では、何を買うのが一番よいか、使いやすい機材や材料の紹介、そして役に立つアドバイスをしたいと思います。さらに、基板のスルーホールに部品をハンダづけするときの基本を解説し、その後に、一般的にはロボットや熟練者が行う表面実装部品のハンダづけに関する、さらに上級者向けの技術について説明します。僕はまた、この本がよくある落とし穴を避け、また失敗を最小限にとどめる手助けもできるとよいと思っています。ハンダづけをするときに陥りやすい、よくある間違いの例や、それをどう直すのかについても紹介します。

なお、この本で使われたほとんどの製品が、Adafruit Industries（adafruit.com）の惜しみない提供によるものだとお知らせするとともに、お礼を言いたいと思います。エレクトロニクス愛好家にこのようなすばらしい製品とカスタマーサポートを提供してくれる企業はめったにありません。もし、エレクトロニクスについてもっと知りたかったら、Adafruit のウェブサイトをチェックするといいでしょう。そこには、単なるオンラインショップ以上の情報があります。Adafruit にはまた、すばらしい学習コンテンツ（learn.adafruit.com）があります。このサイトには僕が作った作品も（少しですが）ありますよ！

とはいうものの、ハンダごてや道具が買える、Adafruit 以外の場所も紹介しておきましょう。エレクトロニクス愛好家向けの代表的なオンラインショップは、Sparkfun（sparkfun.com）、Jameco（jameco.com）、Digi-Key（digikey.com）などですが、そのほかにもアメリカや世界中にさまざまな EC サイトがあります。通常は、地元のホビーショップで基本的なハンダごてや関連する道具、そして消耗品を見つけることができるでしょう。

あ、そういえば、冒頭で書いた POV キットは、リモア・フリードさんという女性が作ったものだということがわかりました。惜しみないサポートと、僕の工作人生のきっかけをくださったリモアさん、どうもありがとう！

1

ハンダづけってなんだろう？

　ハンダづけっていったい何でしょう？　この問いは、ハンダづけ（soldering）をどう発音するか決めるよりは簡単かもしれません。**サーダーリング**？　それとも、**ソウルダーリング**？　どちらの発音が正しいかは、住んでいる地域によって違うでしょうし、議論はつきないでしょう。でも、どう言うかはあなた次第です！[*1]

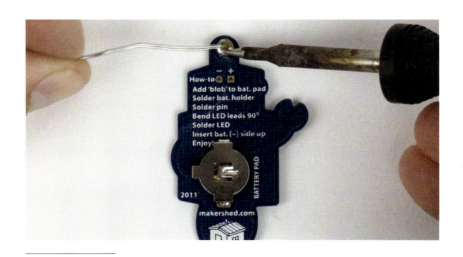

訳注*1　原文では「sah-der-ing」（サーダーリング）、「soul-der-ing」（ソウルダーリング）。solderingの"ol"の部分の英語での発音は地域によって異なります。日本で、片仮名で表記する場合は「ソルダリング」と表記することが一般的です。

001

どう発音するにしろハンダづけとは、2つ以上の似かよった、あるいは別の種類の素材を、3つめの素材であるハンダを熱して溶かし、それを使って物理的に接合するものです〔図1-1参照〕。ハンダ以外の、これからつなげようとする素材は、その過程で溶かしてはいけません。これはおよそ5,000年もの間変わらない、とてもシンプルなやり方です。そう、なんてったって5,000年！

図1-1　著者のデザインによるキット「learn to solder」のピンの上にハンダをのせる

　ハンダづけには数十もの種類があります。基本的な段取りはいつも同じですが、どうやって接合するか、その仕組みはとても多岐にわたります。化学薬品を使ったり、熱を加えたりして接合することができるし、どちらも新しいやり方が今なお考え出されています。

　ハンダづけに必要な熱を発生させるには、一般的に炎か電気を使います。電気は、電磁波や電磁誘導、アーク放電、そのほかさまざまな方法で供給されます。ガスによる燃焼は典型的な化学反応によるものですが、やはりこちらにもさまざまなバリエーションがあります。

　この本では、図1-2でお見せするような、電気を使い、ハンダごてで熱して行う方法に絞って紹介していきたいと思います。

図1-2　作業中のハンダごての先端

ほかの種類のハンダづけ

　もしかしたら、あなたの一番最初のハンダづけの記憶は、パイプ修理かもしれません。多くの家庭では図1-3のような、銅の水道管が使われていますが、これらはハンダづけによってつなげられています。銅管に使われる、金属系ハンダと（酸化を防ぐための）化学的フラックスは、エレクトロニクスに使われるものとは異なるタイプのものですが、その過程はほとんど同じです。水道管をきれいにし、金属を酸化させないよう、フラックスを加えます。一般的に、ガスバーナーの炎によって熱を加えると、ハンダは接合部に入り込みます。ほかの方法よりも低い温度で行われるこのタイプのハンダづけは、しばしば**軟ロウづけ**と呼ばれます。

> **図1-3**　ハンダづけによる銅管修理

　鉛には毒があるため、銅管に使われるハンダは、必ず鉛フリーで、フラックスも水道管に使えるように安全なものとなっています。接合部のハンダがいったん冷えると、水道管は何年もの間壊れずに使うことができるようになります。

　銀ロウづけ〔図1-4参照〕は、また別の一般的なハンダ技術です。450℃以上のとても高い温度で溶けるハンダを使って行われるこの方法は、**硬ロウづけ**とも呼ばれます。これは450℃以下で行われるエレクトロニクスや銅管のハンダづけのような**軟ロウづけ**とは、使われる温度が正反対です。

　銀ロウづけは、最初に僕が教わったタイプのハンダづけで、その過程がとても楽しかったため、いつか時間を見つけてもう一度やってみたいと思っています（図1-5は、銀ロウづけを使った、僕の別の作例です）。図1-4の、鉄と銀でできたバネ留めの箱は、僕がはるか昔にこの方法で作った作品です。

図1-4　筆者が銀ロウづけによって作成したバネ留めの箱

　硬ロウづけは、宝石細工や修理で一般的に行われる種類のハンダづけですが、ほかの用途にも使われます。硬ロウづけは、ロウづけやハンダづけよりも、素材を強力に接着することができます。温度が高すぎるので、電子パーツのような繊細なものには向いていないのが欠点です。

図1-5　筆者が作った、銅と銀の工芸スプーン

　図1-6は、高い温度で素材を接合する、また別の硬ロウづけです。ロウづけでは、一般的に真鍮の合金によるハンダを、その融点より少し上の温度まで加熱してから素材が接合された場所に落とし、毛細管現象で浸透させるものです。この方法によって、素材を非常に強力に接着することができますが、一般的によく行われる溶接ほどは強くありません。

ハンダづけ（ロウづけ）と溶接の違い

　溶接はハンダづけではありません。溶接では接合の過程で、接合される素材も溶かされます。溶接でも溶加材を使いますが、よい溶接のカギは、溶接される素地と溶加材が融合されることにあります。溶接による接合は、溶接される素地と同じくらい強くなるはずです〔図1-7参照〕。ハンダづけと同じように、溶加材の素材はたくさんあります。

図1-6 ロウづけによる自転車のサドル留め。Phil Gradwell による自転車フレーム製作の過程
(IMAGE COURTESY OF FLICKR COMMONS, LICENSED UNDER CC BY 2.00)

図1-7 溶接による、オフロード車のコネクター
(IMAGE COURTESY OF ROCK BUG BUILD ALBUM, FLICKR COMMONS, LICENSED UNDER CC BY 2.0)

もっとも一般的な溶接技術は、炎かアーク放電〔図1-8参照〕ですが、摩擦やレーザー、超音波が使われることもあります。なお、（溶接されるものを指す）言葉を、**金属**ではなく**素材**と書いていることに注意してください。なぜなら金属以外のものも溶接できるからです。なかでもプラスティック溶接はとても一般的な方法で、いくつかの基本的な道具を使って家庭でも行うことができます。

図1-8　海軍の艦船修理技術者が、スチール棚にTIG溶接をしているところ
(IMAGE COURTESY OF OF LPD-18 PHOTO GALLERY BY NAVAL SURFACE TECHNICIANS, FLICKR COMMONS, LICENSED UNDER CC BY 2.0)

エレクトロニクスのハンダづけ

　ここまで、ハンダづけにはさまざまな種類があり、ハンダづけと溶接がどのように違うのか見てきました。しかし、この本は、図1-9のような、エレクトロニクスのハンダづけについてのものなので、残りの部分ではそれに触れていきます。

　僕が、生徒たちに強調するハンダづけの基本的な定義は、**ハンダづけは電気的かつ、物理的な接合**であるということです。

図1-9　ハンダづけ前の電子キット

　エレクトロニクスのハンダづけは、電気的な接続を作るためだけのものではない、ということを理解しておくことが大事です。ハンダづけを行う部品の仕組みや物理的な性質を理解することも、同じように重要です。でも、ハンダづけの知識や技術にさらに踏み込む前に、ハンダづけを行うための道具と素材について話をする必要があるでしょう。そこで、2章では「ハンダづけの基本的な道具と材料」を扱います。

009

2

ハンダづけの
基本的な道具と材料

　この本で紹介する、さまざまな種類のハンダづけテクニックを身につけるためには、たくさんの道具が必要です。とはいうものの初心者には、そんなにたくさんの道具や機材は必要ないでしょう。基本的なものはこの章の最初で紹介します。この本を読み進めていくと新しいテクニックが登場しますが、そのつど必要な追加の道具や装置について説明します。

はじめよう

ハンダづけをはじめるにあたって必要な、いくつかの基本的な道具と材料です。

1. 防護メガネ　2. ハンダごてとスタンド　3. ワイヤーカッター
4. 湿らせたスポンジ　5. ハンダ

このリストは、ハンダづけをはじめるのに必要な最小限の道具です。おそらく、もっと簡単に作業を進めるために、道具や機材を追加でいくつかほしくなると思いますが、予算が限られているのであれば、上記の道具だけでもやりくりできます。

ほとんどの読者が、ハンダごてが最も重要で、必要となる道具だと思うかもしれません。ハンダごてはもちろん重要ですが、最も重要ではありません。**最も重要な**のは安全です。そのため、快適に装着できる防護メガネが最も重要な道具なのです〔図2-1参照〕。

図2-1　ハンダづけのときは、必ず防護メガネをつけましょう！

012　ハンダづけをはじめよう｜2章 ハンダづけの基本的な道具と材料

僕が知る限り、ほとんどの人が間一髪の危険な目にあったり、実際に目を傷つけて初めて、防護メガネをつけようとします。

　防護メガネをつけるのには、いくつかの理由がありますが、まず大事なことは、あなたの2つしかない目は死ぬまで取り替えがきかないということです。ハンダづけの作業中、溶けたハンダは、たびたびはじけて飛び散ることがあります。たいした量のハンダではありませんし、そんなに頻繁には起こりませんが、もし小さな塊が目に入ったら、かなりのダメージを与えます。

　また、ハンダづけを終えて部品の足をカットするときにも、別の危険が起こります。防護メガネをつけるつもりがあるかないかにかかわらず、ほとんどのハンダづけをする人は、図2-2のような切断されたリード線が、矢のように飛び散るのを見て恐怖を覚えたことがあるはずです。

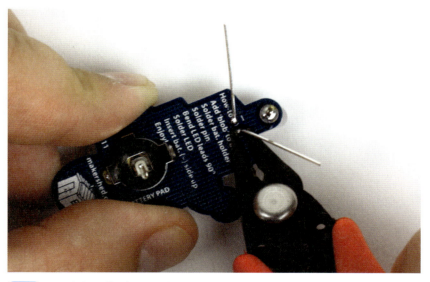

図2-2　ハンダづけの後に部品の足を切る

　リード線を切断する話になったので、リード線を切ったり片付けるよい方法についても話しましょう。線を切断するときは必ず、手を上にかざしましょう。切断された線から顔を守ることができます〔図2-3参照〕。

013

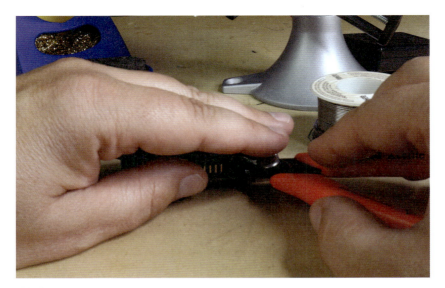

図2-3 リード線の上に手をかざす

　また、リード線を集めるために磁石がついた小さなパーツ皿を使うのもよいでしょう。いくつかの工作を終えると、おそらく無数のリード線がたまりますが、それらはすべて工作したものをショートさせるような危険を引き起こします。磁石のついた皿は、たった数ドルで買えますし、磁石がついていない皿に磁石をつければ自分で作ることができます。もちろん、磁石を使うだけでもかまいません。図2-4で、左にある市販の磁石つきパーツ皿と、僕のDIYバージョンがあるのがわかると思いますが、切断したリード線を集めるために、僕が作業台にいつも置いておくのは単なる磁石です。

　基本的な安全について確認したので、ようやくハンダごてについてお話しできます。ハンダごてはハンダづけを成功させるための、最も重要なカギです。悪いハンダごては悪いハンダづけに、よいハンダごては常によいハンダづけにつながります。道具の質が重要になってくる場面でもあります。幸いなことに高価なお金を払わなくても、よい品質のハンダごてを手に入れることができます。図2-5は、僕所有のハンダごてです。僕はこれをeBayでおよそ150ドルで買いました。

図2-4 磁石つきパーツ皿と筆者の手作り磁石バージョン

　最初のハンダごてとして、このハンダごての購入をお勧めしているわけではありませんので誤解せぬよう。このハンダごてはすばらしいものですが、初心者にとっては、使いづらい部分もあるでしょう。実際、僕は温度の切り替えがシンプルで簡単にできるので、もっと安いハンダごてを使うことがよくあります。これについては、この章の後のほうで特に詳しく説明します。

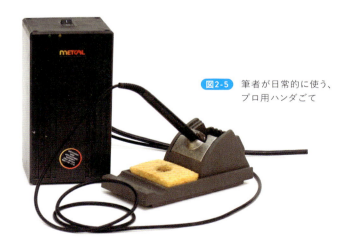

図2-5 筆者が日常的に使う、プロ用ハンダごて

015

どんなハンダごてを買うべき？

　いくつかの条件によりますが、一度理解すれば自分に見合った技術と、予算に一番合ったものを選ぶことができるでしょう。予算について考える前に、最初に考慮すべきいくつかのポイントがあります。

　作業の快適さは、ハンダごてを買うときに考えるべき重要な要因です。ハンダごてを、購入の前にいつでもテストできるとは限りませんが、その形が好ましいかは考慮することができます。

　ハンダごてにおける人間工学的な視点はそう多くありませんが、ペン型の持ち手のものや、少し大きめの太さを持つ持ち手のものなど、その形にはいくつかの種類があります〔図2-6参照〕。つまるところ、これはそんなに問題になることではありませんが、購入する際に考慮したほうがいいでしょう。僕は、非常に安いハンダごてを使ったことがありますが、このようなハンダごての持ち手はとても太いものです。あまり使いやすくはないし、ハンダづけは難しくなります。

図2-6　さまざまな太さの持ち手

ハンダごてを買うときに（技術的に）最も重要な2つの事柄は、ハンダごての
ワット数と、ワット数を変えることができるかということです。ほとんどのハンダ
ごてのワット数の幅は20Wから60W以上です。安いハンダごての中には、温
度を調節するためにワット数を変えることができなかったり、また気持ちよくハ
ンダづけをするのに十分なワット数がないものがあります。

　ワット数がどうしてハンダづけのしやすさに関係しているのか、知りたいかも
しれませんね。これはとても単純なことで、ハンダごてが、たとえば15Wくらい
の低いワット数だった場合、接点をハンダづけするのに必要な温度に達するま
で、長い時間がかかるでしょう。熱する時間に加えて、ハンダづけした後に温
度が戻るのにも時間がかかり、すべての手順に時間がかかってイライラさせら
れるはず。30個の接点があるプリント基板のハンダづけを想像してみてくださ
い。低いワット数のハンダごてを使う場合、加熱するのに数分かかり、さらにハ
ンダづけが終わって元の温度に戻るのに10〜20秒かかるでしょう。つまり、低
いワット数のハンダごてでは、30個もの接点をハンダづけするのに3〜5分かかっ
てしまいます。信じられないかもしれませんが、一度ハンダづけを学べば、それ
ぞれの接点のハンダづけはたったの3秒で終わるでしょう。そして10秒も余計
に待たされたら、すぐにイライラするはずです。

　ほかにも、ハンダごてのワット数、または温度を調節する機能が必要です〔図
2-7参照〕。すばやくハンダづけをしたい人もいれば、のんびりハンダづけをし
たい人もいます。また、ハンダの種類によって必要な温度も変わってくるため、
温度をコントロールできることは、よいハンダづけをするために重要なことです。
幸いなことに、ワット数が1つしかないハンダごては珍しくなりつつあり、ほとん
どのものが、ある程度の調整が可能です。

図2-7　温度調節部分のクローズアップ

いい道具、すごい道具、そして買ってはいけない道具！

買ってはいけないハンダごての話からはじめましょう。**初心者用ハンダごて**や、一般的には**火おこしトーチ**や**ファイヤースティック**などと呼ばれるものについて、お話ししたいと思います。これらは、一般的に15ドル以下で、ちゃんとしたスタンドや温度調節、そしていかなるULリスト（Underwriters Laboratory：アメリカの安全認証）の情報もついていません。[*1]

実際、僕はこのようなたぐいのハンダごてが、がらくた市で売られているのを見たことがありますが、パッケージにはまったく情報がなく、会社名やブランド名ですら記載されていませんでした。

訳注[*1]　基準は完全に一致するものではありませんが、日本ではPSEマークを確認することをお勧めします。

図2-8 ワット数も、製造元も、ULリストも記載されていない、10ドル以下で購入したハンダごて

　ULリストがないハンダごての危険に加え、図2-11の例にあるような、いわゆる薄っぺらで、もろいスタンドについて見てみましょう。これで370℃にもなるハンダごてを支えたいと思いますか？　僕はイヤですし、僕のスタジオの誰もがイヤでしょう！　そんなことは明らかなので、もっとよい選択肢について見ていきましょう。

　ハンダごてを買う前に、長い目で見て、何をするのか考えたほうがいいでしょう。もし、たまにハンダづけをする必要があり、うまくやりたいと思うのであれば、シンプルな温度調節がついたペン型のハンダごてがバッチリです。シンプルで高価ではないハンダごてには、いくつかの注意点があります。まず最初に、20W～50Wにワット数を調節できるものにしましょう。ほとんどのハンダづけで必要な99.9%をまかなうことができる、ちょうどよい範囲の温度が得られるはずです。次に、UL認定を受けているものにしましょう。ハンダごては、370℃かそれ以上に熱くなります。電気的な危険を引き起こすようなハンダごてを、本当に使いたいでしょうか？　僕もイヤです！　図2-9のハンダごては、すべての基準を満たし、なおかつ安いものです。

図2-9 20Wの温度調節ハンダごて
（IMAGE COURTESY OF ADAFRUIT INDUSTRIES, CC BY-NC-SA 2.0.）

　それとは別に、ハンダごてをもっと日常的に使おうと思っているのであれば、適切なステーションタイプのハンダごてを選ぶとよいでしょう。これらは、一般的に熱するのも冷めるのも速く、温度調節の範囲も広いし、使いやすいハンダごてスタンドがついています。ステーションタイプのハンダごてを買う別のよい理由は、温度調節とそれ以外の電気系統がベースユニットにまとまっているので、ハンダごてがだいたい小さめになっているところです。僕は図2-10の白光（HAKKO）のハンダごてステーションが大好きなのですが、これはAdafruit Industriesで取り扱っているものです。[*2]　一生とはいわないものの、末永く使えるとてもよいハンダごてです。

訳注＊2　日本では電子工作用品の専門店やオンラインショップで購入できます。

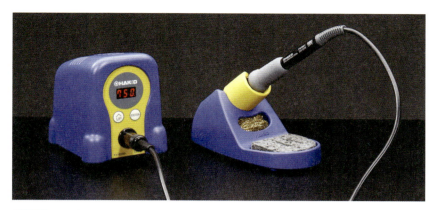

図2-10 白光(HAKKO)小型温調式はんだごて デジタルタイプ FX888D
(IMAGE COURTESY OF ADAFRUIT INDUSTRIES, CC BY-NC-SA 2.0.)

　さらにハンダづけをしていくうちに、プロ用のステーション型ハンダごてがほしくなるかもしれません。プロ用のハンダごてステーションは、信じられないほど急速に熱くなり(いくつかは、たったの1〜2秒で)一日中、そして毎日、何の問題もなく使うことができます。最初に、僕がプロ用のハンダごての購入をお勧めしなかったのは、あなたが来週、そして来月にはハンダごてを使わなくなってしまうかもしれないからです。万が一、ハンダづけをやめたいと思ってしまったら? まあ、そんなことは起こらないと思いますが!　別の理由としては、ハンダづけをはじめたばかりのときは、こて先を壊してしまいがちですが、このようなハンダごては、こて先がとても高価です。僕はプロ用の高価なハンダごてを持っていますが、自分の工作室の別の作業場では、いつも白光(HAKKO)のハンダごてを使っています。
　さらに正直に言えば、この2つには、そんなに違いがないと思っています。ハンダごてステーションを2つ使う、熱心な愛好家は珍しくありません。
　でもちょっと待ってください!　もっとたくさんのことがあるのです!
　ハンダごてに深く関係している、いくつかの付属品について真剣に考えたほうがいいでしょう。最初の1つは、適切なハンダごてスタンドについてです。見過ごされがちな、ハンダづけ工作室における重要な要素です。

021

すべてではないですが、たいていの場合ハンダごてステーションには、適切なハンダごてスタンドが付属しています。しかし、もし購入したのが安価なハンダごてだった場合、図2-11のような薄い金属性のスタンドか、曲げた針金がプラスチックの台についているような、小さくて安いスタンドが付属していることがあります。決してこのようなものをハンダごてスタンドとしては**使わない**でください。ハンダごては370℃以上になるということを覚えておきましょう。ハンダごてが落ちて、木やそのほかの材料の表面に当たってしまった場合、薄くて安普請な板金のスタンドを、火事からあなたを守ってくれる唯一のものにしたいですか？　もし軽くハンダごてにぶつかっただけでも、ハンダごてが転げ落ちてやけどをするようだったら？　電源コードの重さに引っ張られて、ハンダごてが薄いスタンドから落ちてしまうことすらあります。悪いことは言いません。このたぐいのスタンドを見たら箱から出さずに捨てるか、その金属の板を何か別のことに使ってください！

図2-11　使ってはいけない！　ハンダごてスタンドの例

もっとよいスタンドがありますし、丈夫で快適なスタンドはよい投資です。さらにまた、それはとても安上がりなものになるでしょう！　50ドル以上の、たいていのハンダごてステーションには、まともなスタンドがついてくるでしょう。それほど高価ではないキットには一般的に、巻かれたスプリングのようなスタンドがついています。これらはよいものですし、そんなに高くありません。高価なハンダごてステーションになるにつれ、図2-12のような、がっしりしたものになります。このようなスタンドは本当によいものなので、一生ものになるでしょう。

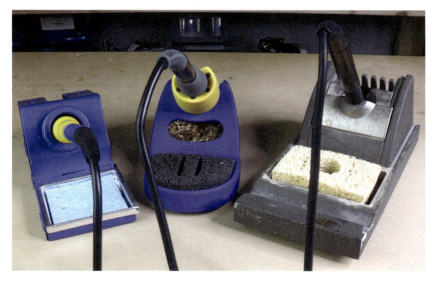

図2-12　さまざまな高品質なハンダごてスタンド

でも、ほかにどんな種類のハンダごてがあるでしょう？

　図2-13のような、ピストルタイプのハンダごてがあります。僕は、メイカーたちから、このようなハンダごてをガレージで見つけて、一番最初にハンダづけをするプリント基板に使ってみたことがある、という話をよく聞くことがあります。たいていよかった話は聞かないし、悲惨な失敗に終わることがほとんどです。

023

このようなハンダごては、車のバッテリーやステンドグラスに使うような、直径の太いワイヤーや金属にしか適していません。ピストルタイプのハンダごては、電子工作に使えるようなタイプのものではないのです。握るのが難しいことがほとんどで、電子回路に電子部品をハンダづけするのに必要な精度に欠けていますし、必要以上に高いワット数です。このようなタイプのハンダごては、エレクトロニクスや電子工作のハンダづけには向いていません。

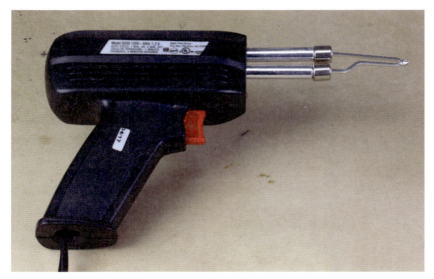

図2-13　ピストルタイプのハンダごて

　ほかに、僕が電子工作愛好家たちから聞いたことがある、よく知られているタイプのハンダごてには、ガスで加熱するタイプのものがあります。これらには一般的にはブタンガスが使われています〔図2-14参照〕。繰り返しますが、このタイプはいくつかの理由でお勧めしません。まず、大量の燃料を使うことになり、電源を使う普通のハンダごてよりもはるかに不便です。ほかに、もっと大事な理由として温度を調節するのがとても難しいということが挙げられます。ハンダには特定の融点がありますし、集積回路も含めたプリント基板はこのようなハンダごてによる高温には耐えられません。

図2-14 ガス式ハンダごて

とはいっても、ガス式ハンダごては、手持ちで使うときにとても便利な道具です。電気が通っていない、離れた場所の断線を（電気式のハンダごてで）きちんと直すことはできないでしょう。こういった小さなガス式ハンダごては、ほかの作業にもぴったりなので、工作室に加えてもよいでしょう。ただし、100％必要でなければ、ハンダづけには使わないでください。

放電式ハンダごて

最後に、放電式のハンダごてについてお話ししましょう。このようなハンダごては、こて先から電荷をすばやく放出してハンダを溶かしたり、部品を接合します。このタイプのハンダごてを電子工作に使う場合、こて先から流れる電流が問題となります。電流は、製作物の繊細な部品を壊してしまうことがあります。いままでお話してきた、望ましくない、ほかのハンダごてと同様、このようなハンダごてを使うべきときや場所は限られています。たとえば離れた場所で、細い配線を数本つなげるだけのときなどです。とはいえ、それでも僕はブタンなどのガス式ハンダごてを使うと思います。なぜならそれは、ハンダづけ以外にも使えるからです。

025

💡 すべてのハンダごてに、自動的に電源を切るスイッチがあるわけではなく、また使った後にハンダごての電源を落とすことを、いつでも覚えているわけではありません。何年か前、僕はハンダごてを長時間つけっぱなしにしないためのシンプルな仕組みを思いつき、電気タイマーを買って、1時間で切れるようセットしました〔図2-15参照〕。これにハンダごてをつないで、作業をしてください。もしハンダごての電源を切り忘れても1時間すぎると、タイマーが電源を切ります。もちろん、作業中に電源が切れることもあります。でも、いくばくかの安全を追加するには、安い投資です。さらに、タイマーをセットする時間は大した問題ではないということを覚えていてください。ちょっとダイヤルを回して、もとに戻す。たった1時間に1回の作業です。

図2-15　よくある電気タイマーにつながったハンダごて

ハンダごてのまとめ

ハンダごてを選ぶのはそんなに大変なことではありません。もし何を買おうか決められなかったら、予算の範囲内で、ULリストがついた温度調節ができるハンダを買えばよいだけです。もし、予算がファーストフードで食べる夕飯の値段よりも安い金額だったら、もっとよいものを買うために貯金してください（でも、ハンダづけの方法を学びはじめるのには、そんなにお金がかからないということを覚えておいてください）。

ハンダごての付属品

　ハンダごてを選ぶときには、違うサイズやさまざまなこて先に差し替えることができるかどうかも考慮したほうがいいでしょう〔図2-16参照〕。普通は中程度の大きさの尖ったこて先です。これはハンダづけで必要な95％以上をまかなえますが、もっと大きなこて先に替えられるととても便利です。ハンダごてのこて先は、ハンダづけしたい部分の面積に対応する必要があります。USBポートや電源ジャックのような大きな部品は、ハンダづけをするためにより多くの熱が必要です。こて先を大きくすると、こうした大きな部品のハンダづけが容易になります。小さな部品も同じです。小さなこて先を使うと細かな作業ができるので、小さな部品のハンダづけがしやすくなります。また、最初にハンダづけを覚えるときに、正しいハンダごての取り扱いができずに、こて先を痛めてしまうことも少なくありません。古いこて先を取り替えられるのであれば、それはとても魅力的な機能となります。

　ハンダづけをするときは、こて先をきれいに保つことが重要です。そこで必要になるのがこて先クリーナーです。最初の接点をハンダづけする前でも、こて先クリーナーが必要となるでしょう。そのため、ハンダごてに電源を入れるよりも前に、まず1つ用意しておいたほうがよいでしょう。

図2-16　白光（HAKKO）のこて先（Adafruit Industries提供）

こて先クリーナーには2種類あります〔図2-17参照〕。一番基本的なものは、水で濡らしたシンプルなスポンジです。もっとよい働きをする、別のタイプのものは、真鍮製のクリーナーです。どちらもハンダごてをきれいに保つ働きをしますが、真鍮製のものは、1、2個の接点をハンダづけした後に、こて先をきれいにふいたとしても、ハンダごてを冷ましてしまうことがありません。

図2-17　2種類のこて先クリーナー

クリーナーを置くための何かが必要になると思いますが、普通のスポンジであれば板などで十分です。また、真鍮製のクリーナーのための具合のよいホルダーを作っているメーカーがあります。たくさんハンダづけをする予定であれば、真鍮製クリーナーとホルダーを選ぶようにしてください。品質のよいハンダごてステーションにふさわしいホルダーがついているように、ほとんどのハンダごてホルダーにはクリーナーホルダーが備わっています。

> 古い台所用スポンジをこて先クリーナーに流用しようと思うかもしれません。でもそれはよい考えではありません。台所用スポンジは、ハンダごての高温に接触するようにできてはいないのです。ハンダづけ用に作られたものを買うようにしてください。

　そのほかに、ハンダづけをはじめるときに確実に必要となる基本的な道具はニッパーでしょう。多くの道具と同様、ワイヤーを切断するためのさまざまな道具があります。図2-18にあるのは、ワイヤーを切断するための最も一般的な2種類の道具です。ペンチ（左）と、ニッパー（右）です。どちらの道具もエレクトロニクスには便利ですが、ニッパーはエレクトロニクスにより適しています。なぜなら、ニッパーは部品をプリント基板にハンダづけしたあとで、基板ぎりぎりのところでリード線をカットできるからです。

図2-18　2種類のワイヤー用カッター

ハンダづけをいくつか行う予定やプリント基板のハンダづけをする予定があるのなら、エレクトロニクス向けに特別に作られた電子工作用ニッパー[*3]が一番のお勧めです。電子工作用ニッパーは一般的に軽くて、握るのに使い勝手のよいパッドが装着しているので、長時間の使用が簡単になりますし、快適です。刃先が少しずれて取り付けられているので、ハンダ接合部に近い（とはいってもそんなに近すぎないくらい）ところをカットすることができます。このようなニッパーは、電子工作にありがちな狭いスペースの作業により適しています。

図2-19　精密に作られた、特別な電子工作用ニッパー
（IMAGE COURTESY OF ADAFRUIT INDUSTRIES, CC BY-NC-SA 2.0.）

　また、ハンダづけの準備で、配線の両端の被覆をむく必要も次第に出てくるでしょう。ワイヤーストリッパーを選ぶときには、いくつか考慮するべき点があります。まず最初に、どのくらいの配線を実際にむく必要があるでしょうか？　もし、

訳注*3　日本で販売されているものでは「精密ニッパー」や「ミニチュアニッパー」が電子工作に向いています。太い線を切るのには向いていませんが、小回りが効いて使いやすいです。

何百本もの、大量の配線をむかなければいけないのなら、図2-20の一番上にあるようなオートマチック・ワイヤー・ストリッパーが一番のお勧めです。このようなオートマチック・ワイヤー・ストリッパーは、ほとんどの配線の絶縁被覆を短い時間でむいてしまうでしょう。でも、数百本もの配線を準備する必要がないのであれば、図2-20の中央にあるワイヤーストリッパーで十分です。予算次第では、図2-20の一番下にあるようなものが数ドルで買えて、使い勝手もよいでしょう。

図2-20　さまざまな種類のワイヤーストリッパー

　現実的には、ハンダづけを勉強しはじめたばかりのときは、図2-20の一番上で紹介したようなオートマチック・ワイヤー・ストリッパーのような強力なものは必要ありません。実際、ちょっとした工夫があれば、電子工作用ニッパーを使って保護被覆やビニールをむくことができます〔図2-21参照〕。この方法の欠点は、ときたま内側の配線を切ってしまい、配線を役立たずにしてしまう可能性があることです。これは、部品から出ているリード線の被覆をむくときに、特にやりがちです。（失敗してリード線ごと切ってしまい）もう一度やろうとして、配線が短くなりすぎてしまうことがあります。

通常、僕が単線の被覆をむくときは、電子工作用ニッパーで被覆をわずかに切って、外側をむきます。しかし、ヨリ線でできた配線や、重要な部品の被覆をむく必要があるときは、図2-22にあるようなワイヤーストリッパーを手に取ります。適切なワイヤーストリッパーの代わりにニッパーを使うと、ヨリ線の一部を切りかねませんし、それは配線を弱くし、回路の電流を流れにくくしてしまうでしょう。ヨリ線や細い直径の配線の被覆をむくときは、適切なワイヤーストリッパーを使うのがよいのです。

図2-21　単線の被覆をむくためにニッパーを使っているところ

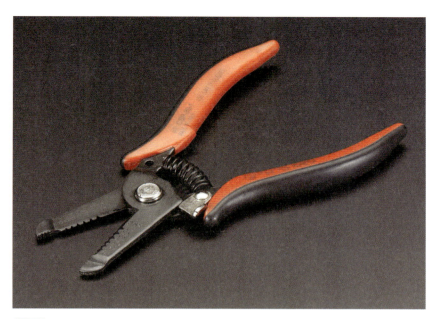

図2-22 ヨリ線用ワイヤーストリッパー
(IMAGE COURTESY OF ADAFRUIT INDUSTRIES, CC BY-NC-SA 2.0.)

> 僕は数え切れないほどの人々が歯で被覆をむくのを見てきました。こんなことはしないでください！ あなたの使っているハンダには、鉛が含まれているかもしれません。そして、それは絶対に体内に取り込んではいけないのです。また僕は、欠けたりヒビが入ってしまった歯を治すために、大あわてで歯医者さんの予約を入れなくてはいけなかった、たくさんの人の話を聞いたことがあります。

ハンダづけ用の安全用具リストの中で、防護メガネは第一位です。その次は適切な吸煙器でしょう。もしハンダづけをはじめたばかりであれば、換気扇や窓の側に座っていれば十分でしょう。しかし、適切な吸煙器〔図2-23参照〕に取って代わるようなものではありません。市販の吸煙器には、通常、煙を取り除くためのファンとカーボンフィルターがあって、空気をきれいにしてくれます。吸煙器を持っているかいないかにかかわらず、作業場の空気の流れについては考えたほうがいいでしょう。吸煙器を持っていたとしても、窓やドアを締め切った小さな部屋は望ましくありません。

図2-23　市販の吸煙器

　また、もちろん、メイカーの世界にある多くの道具のように、この道具は自作することができます。市販のものほど煙を取り除きはしませんが、持ち運びができるし、何もないよりはましです。何より、組み立てることによって、ハンダづけを練習することができます！　この章の最後を見れば、自作のミント缶吸煙器を組み立てることができます。

作業を支えよう

次に紹介する道具は、正確には、**サードハンド**（ハンダづけヘルパー）と呼ばれるものです。これはとても便利な道具で、ハンダづけの間、部品などを支えるために使います。接続したい2本の配線やプリント基板、そのほか本当にいろいろなものを、ハンダづけをする間、安全に支えることができます。さまざまな種類のサードハンドがありますが、すべて単に構造が少し違うだけです。最も一般的なのは、2つのクリップと拡大レンズがついているものです。僕は拡大レンズが便利だと思ったことがないので、外してしまいました。

後で紹介しようと思っている別の道具がありますが、それは作業を拡大してくれるのにより便利なものです。図2-24のようなものはとても基本的なタイプですが、もちろん僕は拡大レンズを取り外しました。たとえ、もうちょっと立派なものを買うつもりでも、これらのサードハンドはとても「ハンディ（便利）」なので、安いものを道具箱に加えたくなることでしょう。

図2-24 基本的なサードハンド
(IMAGE COURTESY OF ADAFRUIT INDUSTRIES, CC BY-NC-SA 2.0.)

ほとんどのサードハンドの欠点の1つは、クリップ部分です。これらのクリップの口には、ギザギザの歯がよくあるのですが、これが部品にダメージを与えることがあります。何も害がないように見えますが、配線の被覆を容易に切断してしまいます。そのような配線はショートしやすいのです。そうでなくとも、配線の被覆をボロボロにしてしまいます。このようなことを避けるために、サードハンドを使う前に、切った熱収縮チューブをクリップの口にかぶせてください。図2-25にあるものは、熱収縮チューブをかぶせた僕のサードハンドと、もう1つはかぶせていないものです。熱収縮チューブをかぶせることによって、サードハンドは部品に十分に優しく接触し、配線に突き刺さることを避けることができます。熱収縮チューブをどうやって使うかご存知ありませんか？　熱収縮チューブについて、知っておくべき必要なことはすべて、3章「ハンダづけをはじめよう」でカバーしています。

　どこかの時点で、高品質のサードハンドを道具箱に加えたくなるでしょう。一般的に下の部分が重たく、長い腕があり、安いものより使いやすくなっています。

図2-25　サードハンドのギザギザの口に熱収縮チューブをかぶせたもの

このような理由から、図2-26のようなものが僕の定番のサードハンドです。熱収縮チューブで覆われた、とてもよく届くクリップがあり、道具箱から出してすぐに使えます。ほかには、磁石の土台がついてるもの、もっと手がついているもの、さまざまな機能があるものなどがあります。ウェブにはDIYサードハンドの作り方も山のようにあります。ちょっと調べてみて、好きなものを見つけてください。さらにすばらしいのは、思いついた自分のオリジナルのものを、みんなにシェアすることです！

　ハンダづけをする間、サードハンドは配線を支えることに関してはとても便利ですし、もし必要なら、プリント基板を支えることもできます。しかし、お金を払う価値のある、さらによい選択肢があります。基板ホルダーはハンダづけの間プリント基板を支えるための専用の万力で、大量の基板をハンダづけするつもりなら、これはとてつもなく役に立ちます。一番有名なものは、PanaVise製のもので、僕も使っています。PanaViseはいくつかの異なったバージョンを作っていて、それぞれ値段が異なります。僕は、図2-27にあるような、PanaVise Jrをお勧めしますが、幸いなことにこれは最も安いものです。

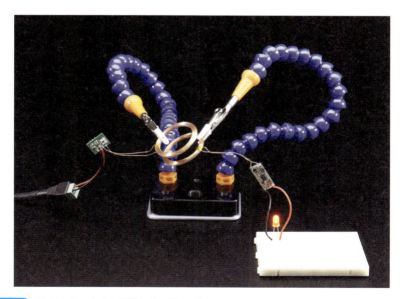

図2-26　Hobby Creekの高品質なサードハンド
（IMAGE COURTESY OF ADAFRUIT INDUSTRIES, CC BY-NC-SA 2.0.）

037

使えそうな基板ホルダーすべてのバージョンをチェックしてみて、自分に合ったものを選んでください。サードハンドのように、基板ホルダーにもさまざまなタイプのものがあります。選択肢は、つまるところあなたの予算と、万力の部分にどんな機能がほしいか、どんなサイズの基板を扱えるか、そのほかいろいろな追加の機能次第ということになります。

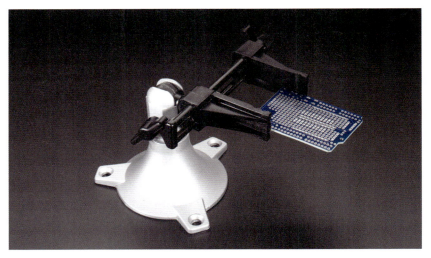

図2-27　PanaVise Jr（IMAGE COURTESY OF ADAFRUIT INDUSTRIES, CC BY-NC-SA 2.0.）

もし、PanaViseと3Dプリンターを持っていたら（または、どこかで使うことができるのなら）、Thingiverse（thingiverse.com）をチェックして、「panavise」を検索してみましょう。3Dプリントできる、数多くの改良された万力があります。僕が好きなのは、万力の口のサイズをより速く調節できるようにするさまざまなハンドルです。万力自体やサードハンドをカスタマイズするパーツなどがプリントアウトできるようなデータもあります。

道具のまとめ

　道具を選ぶことについてのさまざまなオプションを並べてみました。圧倒されてしまったかもしれませんが、最初に必要なのは、以下の数点の道具だけということを覚えておいてください。

- 防護メガネ
- 温度調節できるハンダごてとスタンド、そしてこて先クリーナー
- ワイヤーカッター

　ほかのものは、ほしいものリストに入れておきましょう。もしあれば、ハンダづけをさらにやりやすくできますが、その分先立つお金がもっと必要になります。基本的な道具をまずそろえてから、新しい作品に取り組むたびに必要なものを電子工作用工具箱に追加し、中身を増やしていくのがよい方法でしょう。僕はこの本を書くためだけに、いくつかの新しい道具を買いましたが、これは僕の作業場を充実させるためのいい言い訳でした！　そして、忘れないでほしいのは、僕が作った小型吸煙器のような、自作ツールを作るための大量のオンラインDIYリソースがあるということです。これらは、お金が節約できて、勉強にもなるすばらしい選択肢です！

材料

　次に、ハンダづけの方法を勉強するのに必要な材料について見ていきましょう。この本の道具についての節では、基本のものを取り上げるつもりです。いまのところ、本当に**基本的な**ことは、ハンダについてだけです。もっと進んだテクニックを身につけたら、いろいろなフラックスや、図2-28にあるような電子キットをハンダづけするために必要な、そのほかの材料について取り上げたいと思います。

039

図2-28　ハンダづけ中の電子キット

ハンダ

　選ぶほどハンダの種類は多くはない、と思うかもしれません。確かにそのとおり、そこまで複雑ではありません。とはいえ最初の頃は、2、3点の選択肢を覚えておけばいいでしょう〔図2-29参照〕。ハンダを選ぶときに、最も難しいのは鉛入りハンダと鉛フリーハンダのどちらを使うのかを決めなくてはいけないことです。どちらにも利点と欠点がありますが、少なくともアメリカで僕が出会ったことのあるほとんどの人は、電子工作に鉛入りハンダを使っています。「君が聞いているのは、**毒のある**鉛のこと？」「そう、僕が言っているのは鉛についてだよ！」。

　いまこそ説明させてください。鉛は深刻な健康リスクを、特に体内に摂取したときに引き起こします。そのため、取り扱いはくれぐれも注意してほしいのです。図2-30にあるような鉛ベースのハンダでのハンダづけは、うまくやればまあまあ安全にすることができます。主な2つのルールは、ハンダを扱っているときには決してものを食べないこと、そしてハンダづけを終えたらすぐに手を洗うことです。あなたの肌は、体内と鉛入りハンダの間のバリアとなってくれます。また

換気をよくし、ハンダを適切な場所に置いたほうがいいでしょう。ダイニングテーブルは、ハンダを置くのに適した場所ではないのです！

図2-29　いろいろな種類のハンダ

図2-30　100g 60/40 鉛入りフラックス入り巻きハンダ
（IMAGE COURTESY OF ADAFRUIT INDUSTRIES, CC BY-NC-SA 2.0.）

「もし、代わりに鉛フリーハンダがあれば、なぜみんなはそれを使わないんだろう」と自問自答するかもしれません。答えはシンプルです。鉛フリーで、銀ベースのハンダはとても高価で、融点の温度が高いので使うのが難しいためです。高温にさらされることと、このハンダ固有のもろさから、金属疲労の亀裂が入りやすく、また回路をショートさせる非常に小さい結晶の繊維「ウィスカ」を発生してしまうことがあります。これらの欠点は深刻なものではありませんが、これらすべてが解消されるくらいに鉛フリーハンダの技術が進むとよいなと思っています。

それで、どちらを使うべきでしょう？　最初は鉛フリーハンダを使ってみてください。特に、あなたがメイカースペースのような公共の場所で、子どもたちを教えるのなら。鉛フリーハンダは、ほとんどの電子工作に向いています。つけ加えれば、昨今の環境保護のトレンドが続いたら、鉛入りハンダを購入したり、使ったりすることは、次第に難しくなるでしょうし、僕が先ほど書いたように、鉛フリーハンダの進歩は続くでしょう。使い続けて試してみてください。どちらを選んだとしても、ハンダの接着は本質的に変わりません。

フラックス（ヤニ）

フラックス入り？　それともフラックスなし？

いったん、鉛入りハンダか鉛フリーハンダを使うか選んだら、次に考えるのは、フラックス入り（ロジン入り）か、フラックスなしかです。**フラックス**（ヤニ）は、しばしば**ロジンフラックス**と言われたり、単に**ロジン**と言われる、ハンダづけの過程でハンダが酸化するのを防ぐ化学混合物です。ハンダが溶けた状態を維持する助けになります。ハンダづけのときにフラックスが必要になると思いますが、どうやってフラックスを使うかはあなた次第です。フラックス入りハンダを使うと、ハンダを熱したとき、ハンダの中にあるフラックスが流れはじめるので、作業を少し楽にしてくれるでしょう。もしフラックスなしハンダを選んだら、ハンダづけの際に、ペースト状か液状のフラックスを双方の接点に塗る必要があります。ハンダづけを練習しているときは、フラックス入りハンダを使うといいでしょう。なぜなら単に扱いやすいからです。

図2-31 RoHS対応 50g 0.5mm径 鉛フリー巻きハンダ
(IMAGE COURTESY OF ADAFRUIT INDUSTRIES, CC BY-NC-SA 2.0.)

　ハンダを選ぶときに考える別の要素は、どんな素材を使っているか？　です。ふだん僕は60/40の鉛入りハンダを使っています。これは60％のスズと40％の鉛でできていて、フラックスが含まれているものです。ほかにもいろいろな比率のハンダがあって、基本的には融点がそれぞれ違います。趣味の電子工作では、99.9％の場合、60/40のフラックス入り鉛入りハンダか、RoHS対応〔鉛フリーハンダのこと。図2-31参照〕の鉛フリーハンダを選ぶとよいでしょう。鉛フリーのものはSAC305というラベルがついていることもあります。

　最後に、ハンダ線の直径（または**ゲージ**）についても検討しておくとよいでしょう。0.25mmから3.175mm以上のものまで、たくさんの種類があります。直径が0.81mmぐらいの、糸巻き状になっているハンダを50gくらい買っておけば、当分使うことができますし、ほとんどの作業が（すべてではないですが）これでまかなえます。もっと太いか、細いハンダがあるとうれしい場面もありますが、この0.81mmのハンダがあれば、たいていのことができます。

　いろいろなハンダが選べますが、銅管用のものは絶対に使わないようにしてください！　酸ベースのフラックスが含まれていて、回路を破壊してしまいます！

043

材料のまとめ

　道具についての説明と同様に、ここではハンダづけを学ぶのに必要な概要のみをお伝えしました。そのほか多くの素材や道具については、スキルやテクニックを学ぶのと平行して、この本の後の部分で説明します（図2-32は実際に作業をしているところです）。鉛入りか鉛フリー、どちらのハンダを使うかを決めておきましょう。アメリカではほとんどの人が鉛入りハンダを使っています。それぞれの国には鉛を使うことについて、さまざまな規則があります。住んでいる地域での規則や規制についてチェックしておきましょう。僕はできれば鉛フリーのハンダを試してほしいと思います。鉛入りよりも、健康によい代替品だからです。どんなタイプのハンダを使うにしても、ハンダづけの後は必ず手を洗いましょう。

図2-32　ハンダづけ途中のキット

プロジェクト：ポータブルなミント缶吸煙器

　吸煙器はハンダづけのときに発生する煙と有害な蒸気を、活性炭のフィルターとファンで除去します。ホビー用の小さいものは100ドルくらいしますが、図2-33のものは10ドルくらいです。この吸煙器には、大きいサイズのものほどの効果はありませんが、いい仕事をしてくれる上に持ち運びがしやすいです。必ず換気のよい場所で作業する、ということは忘れないでください。

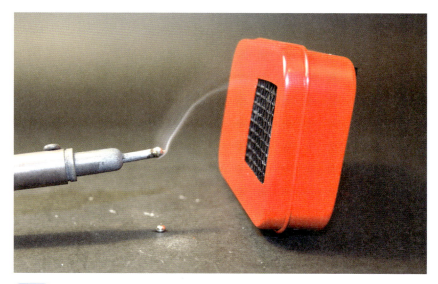

図2-33　ミント缶吸煙器

 どうやってハンダづけしていいかわからない場合は、この本を読み終えてから吸煙器の製作をはじめましょう。

045

道具

- ☐ ハンダごて
- ☐ 切断ホイール付きのロータリーツール(ドレメル)
- ☐ ドリルと小径のドリルビット
- ☐ 先の尖ったマーカーペン
- ☐ いろいろなドライバー
- ☐ ニッパー
- ☐ 防護メガネ

材料

- ☐ 三端子レギュレータ・7812
- ☐ ミントキャンディーの缶
- ☐ スイッチ
- ☐ 40mmのケースファン
- ☐ 9Vの電池(2個)
- ☐ 安価な9V電池コネクター(ステップ2と3参照)
- ☐ 金網(2個)
- ☐ 活性炭フィルター
- ☐ 熱収縮チューブ
- ☐ 配線材
- ☐ フラックス入りハンダ
- ☐ ネジとワッシャー
- ☐ 塗料(省略可)

ハンダづけをするときやドリルを使うとき、そして金属を切断するときには、必ず防護メガネを使ってください!

STEP 1　回路を組み立てる

　まずは簡単に試作を作ることにしましたが、それはよい考えでした。最初、ファンを回すのに9Ｖの電池1つで十分だと思っていましたが、最終的に12Ｖにしたほうが吸気するということがわかりました。この場合はそのほうがよいですよね。

　完成した回路は図2-34のとおりです。簡単なスイッチ、2つの9Ｖ電池、40mmのケースファン、三端子レギュレーター・7812を使っています。7812は、直列につながれた2つの9Ｖ電池からの18Ｖを、ファンに必要な12Ｖに電圧を低下させます。

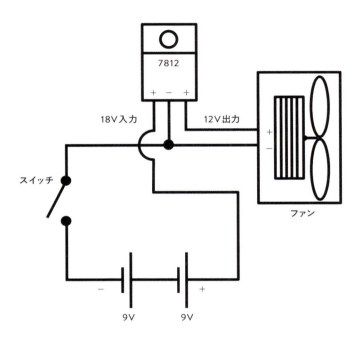

図2-34　DIYミント缶吸煙器の回路

047

STEP 2　部品のハンダづけ

　図2-35の電池コネクターに注意してください。硬いプラスチック製ではなく、安くて柔らかいビニール製のものを使っています。このタイプのものはケースにうまく収まります。コネクターの硬さの違いは小さなことですが、硬いと9V電池がケースに入らなくなってしまうことがあります。

図2-35　電池コネクターのハンダづけ

　これはとてもシンプルな回路です。回路図にそって、7812につなげるリード線の順番を間違えないようハンダづけをしましょう〔図2-36参照〕。ハンダづけをした線のつなぎ目には、必ず熱収縮チューブを使うようにしましょう。なぜなら、この回路は金属製の箱に入れるのですが、金属は電気を通してしまうからです！

STEP 3　うまく収まるか確認しよう

　すべてが缶に入るかを確認しましょう〔図2-37参照〕。

図2-36　ハンダづけがおわった回路

図2-37　缶に入るか確認しているところ

049

STEP 4　開口部の切断（防護メガネ着用のこと！）

　マーカーペンと紙で、35mm四方のファンの開口部の型紙を作りました。スイッチ用の穴もこのとき一緒に印をつけておきます。ロータリーツールに切断ホイールをつけて（防護メガネを装着してから！）切断していきます。次に、スイッチのネジを取りつけるための2つの穴と、三端子レギュレーターのための穴をドリルで開けました〔図2-38参照〕。

図2-38　穴の切断をしているところ。防護メガネを忘れずに！

　ファンの穴を1つ開け終わったら、箱を閉じて、先ほど作った35mm四方の型紙を使って2個めの穴を1個めの穴にそろえた場所に開けます。2つの穴から空気が流れるようになっているか確認します〔図2-39参照〕。実際には、2つの穴が完璧にそろっていることは必須ではありませんので、目見当でも大丈夫です。多少のずれは問題ありません。

STEP 5　塗装

素敵な赤のスプレー塗装をすることにしました〔図2-40参照〕。

内部にいらない木片をグルーガンで接着して、塗装するときにそこをつかめるようにしました。コーティング材を2回吹くことで、見た目がよくなりました。スプレーの液は有毒で可燃性があるので、外の何もない場所で使いましょう！

図2-39　うまく空気が流れるように、開けた穴がそろっているかを確認しているところ

図2-40　素敵なコーティング塗装はやる価値大

STEP 6　三端子レギュレーターとスイッチの取りつけ

　まず、7812をネジと1、2個のワッシャーを使い、缶の側面から少し隙間をあけて固定します。僕は#6-32ネジ[*4]とワッシャー1個で、側面に触れないように取りつけましたが、どのようなものを使ってもかまいません。ネジとワッシャーはヒートシンクの役目も果たします。次に、スイッチを取り付けます〔図2-41参照〕。

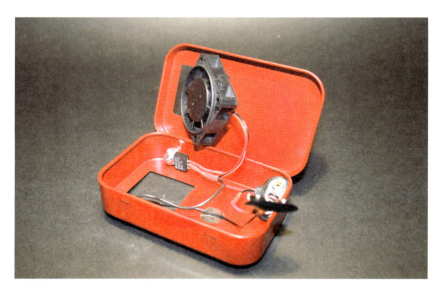

図2-41　電子部品を取り付けようとしているところ

STEP 7　金網とフィルターの取り付け

　ここで金網、フィルター、ファン、金網のサンドイッチを作ります〔図2-42参照〕。金網は50mm^{2}で、フィルターは40mm^{2}です。フィルターは市販の吸煙器や換気扇の交換用部品が安く購入できます。

訳注*4　#6-32ネジの穴径は3.6mmです。代替として日本で購入するには、M3のネジが入手しやすくお勧めです。

図2-42　金網、フィルター、ファン、金網のサンドイッチ

次に、金網の四隅にグルーガンかエポキシ接着剤を使ってケースに固定し、フィルターとファンをその間に挟みます。最終的に部品をギッシリ詰めるので、各部品はしっかりと収まるはずです〔図2-43参照〕。

図2-43　全部入った！

053

STEP 8　動作テスト

　僕が自分で作ったものは数時間連続で動作させても、7812から熱は発生せず、ファンも強力に動いています〔図2-44参照〕。商品として売っている大きな吸煙器の代わりにはなりませんが、ちょっとした工作には便利なものになったと思います。繰り返しますが、この吸煙器があったとしても、ハンダづけの安全ガイドラインにしたがって、作業は換気のよい部屋で行う、ということは忘れないでください。

図2-44　どんな感じで動くか試しているところ

3

ハンダづけをしよう

　いよいよ、ハンダごてに電源を入れるときがきました。ここまでくるのにずいぶんたくさんのことを確認したと思うかもしれません。確かにそうですが、すべての情報、コツや裏ワザ、僕のお勧めは長年の経験に基づくものです。時間とお金を無駄にしないよう、そして最も大切なこととして、僕がこれまで手にしてきた悪い道具や材料を使わずに、楽しく学んでほしいと思っています。

ハンダづけを学ぶのに必要な時間はほんの数分です。とりわけ、適切な道具を持っているのなら。何千もの人が、世界中の Maker Faire でハンダづけを学んできました。そしてほとんどの人が、10分もしないうちにハンダづけの基本を身につけています。さあ、はじめましょう！

安全確保で！

ハンダづけには危険が伴います。ハンダづけのすべての手順と、起こり得るすべての危険についての知識を身につけずに、ハンダづけをしないでください。以下は、ハンダづけをする際に覚えておくべきいくつかのポイントです。

● **動いている回路をハンダづけしてはいけません**：通電回路、つまり電源が入ったままの回路や、電荷が残留している回路（たとえば、コンデンサに電気が蓄えられたままになっている回路など）にハンダづけをしないようにしましょう。

● **家庭用のコンセントにつながったものには決してハンダづけをしてはいけません**：致死量の高電圧が流れているため、交流電源へのハンダづけができるのは電気工事のプロだけです。もし**壁の向こうへつながっているなら、決していじってはいけません！　決して！**

● 鉛入りハンダは有害です。**どんなハンダでも、とりわけ鉛入りハンダを使った後には必ず手を洗ってください**。特に、鉛入りハンダを使っているときは、煙を吸い込まないようにしてください。食べ物や飲み物に触れるような場所や、子どもが手にとって遊ぶような場所では、鉛入りハンダは決して使わないでください。

● **電池に直接ハンダづけをしないでください！　爆発します！**

056　　ハンダづけをはじめよう｜3章 ハンダづけをしよう

- **ハンダづけのときには**必ず防護メガネをしてください。

- ハンダづけをしているときには常に**換気をよくしてください。**

- 必ず**適切な場所でハンダづけをする**ようにしてください。

- **消火器がある場所で**ハンダづけをしてください。

- この本で紹介しているテクニックは、**趣味で使用するレベルのものです。**重要な箇所のハンダづけや、やったことがないようなハンダづけは、プロにお願いしましょう。もし、少しでもわからないことがあったら、電気のプロに聞きましょう!

ハンダごてと作業場所を準備しよう

　工作をはじめるときに、ハンダづけに適した照明と、適切な換気がある安全な場所を確保することが大切です。台所やテーブルはハンダづけに適した場所ではない、ということを覚えておきましょう。といっても理想的ではない場所でハンダづけをする必要があるなら、合板を切ったものを下に敷いて、作業する場所の表面を保護するとよいでしょう。もし鉛入りハンダを使うのであれば、食事の支度をするような場所で作業をしてはいけません。図3-1の写真に、すべての必要な道具と材料がそろっているのがわかるでしょう。ハンダごてが熱くなってから、必要なものを探し回りたくはないでしょうし、熱いハンダごてをほったらかしにしておきたくはないでしょう。

図3-1　ハンダづけに適した作業場

　新品のハンダごてを使う前に、こて先に**ハンダめっき**を施して準備しておく必要があります〔図3-2参照〕。このことにより、接点にハンダが流れやすくなりますし、こて先の腐食を防ぎます。この手順は簡単です。

　もし鉛入りハンダを使っているようであれば、ハンダごてを340℃に、鉛フリーハンダを使っているようであれば370℃に熱してください。ハンダごてが温まったら、こて先を完全に覆うように溶かしたハンダをのせるだけです。ハンダで覆われたら、急いでハンダごてをこて先クリーナーでふいてください。よい感じで光沢がある状態になれば、準備完了です。

図3-2 ハンダめっきをする前の、新しいハンダごて

　こて先をきれいにしたり、ハンダめっきをするのは、ハンダごてをきれいに保つために繰り返し必要な作業です。僕は、接点を3つハンダづけした後や、ハンダごてスタンドからハンダごてを取り出すとき、そして戻すときは、必ずこて先をふくことにしています。10〜15分以上ハンダづけをしないのであれば、ハンダごての電源を切ってください。そうすれば、こて先にどうしても起こってしまう腐食を最小限に抑えることができます。ハンダづけ初心者がしがちな、よくある大きな間違いは、非常に汚いこて先でハンダづけを試みることです〔図3-3参照〕。これは、接続不良を引き起こしたり、ハンダづけがうまくいかない原因となります。最後にもう1つ、ハンダづけをし終わったら、ハンダめっきをし直して、こて先をふいておくことを覚えておきましょう〔図3-4参照〕。こうすることで、使っていない間はハンダごての先を、フラックスとハンダで保護することができます。

図3-3 汚いこて先

図3-4 ふいた後のこて先

ハンダごての腐食が進んでしまったら、こて先復活剤を使ってこて先を復活させることができます〔図3-5参照〕。これは簡単に使えてすぐに効果が出ます。ちょっとこて先を熱して、何度か復活剤を入れてめっきをするだけです。2、3回塗るだけでこて先が復活するでしょう。もし復活できなかったら、新しいこて先をハンダごてに入れ替えてください。この作業はとても効果があるので、僕は自分のハンダごてをメンテナンスするときに、たまにやることにしています。安くて小さなペーストでも、何年も持ちます。

図3-5　こて先復活剤を使っているところ

　決してヤスリやサンドペーパーをハンダごてに使わないでください。こて先がひどく腐食していたり、さまざまな用途に合わせるためにこて先を小さくしたいとき、使いたいと思うかもしれませんが、それはよいアイデアではありません。絶対にやらないでください。こて先の外側のコーティングがなくなり、本来伝わるはずの熱が伝わらなくなってしまいます。ハンダごてのこて先が、こて先復活剤では復活しないくらい腐食してしまったら、新しいものを買いましょう。

061

プリント基板をハンダづけしよう

　ほとんどの人が、プリント基板のハンダづけに夢中になるようです。なぜなら、LED点滅回路から、インターネット接続機器まで、ハンダづけできるさまざまなすばらしいキットがあるからです。何千ものキットが僕のような、何百ものキットメーカーによって作られていますし、メイカーたちがハンダづけを勉強したいと思うのも不思議ではありません。どんな理由であれ、キットは最初のハンダづけとして人気です。まずはここからはじめようと思います。

　数本の配線同士をハンダづけしたり、静電気に弱い部品を使うのでなければ、静電気除去リストバンド〔図3-6参照〕を使う必要はありません。起こり得るすべての静電気を防ぐには、自分自身をアースするのが一番よい方法です。でも、電子工作をするほとんどの人が、このようなバンドは使いません。僕も1つ持っていますが、めったに使いません。もし研究室やプロの作業場で働いているのなら、静電気除去のための道具をいたるところで見るでしょう。静電気除去の道具は、高価なICや複雑で高価な基板を扱うときや、静電気が起こる危険があるときにかなり重要になります。

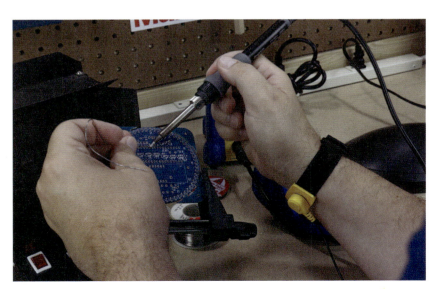

図3-6　静電気除去バンドを装着しているところ

僕がハンダづけ作業をしているときに、静電気除去バンドを着用する気がない主な理由は、ICソケットを使うつもりだからです。ICソケットを使えば、ハンダづけがすべて終わったあとにICをはめることができます。さらに、もし必要であれば、ハンダづけなしにICを取り替えることもできるのです。

　多くの場合、プリント基板はパッケージから取り出してすぐにハンダづけができますが、製造過程や保管の間に腐食していることがあり、きれいにする必要があります。幸いなことに、汚れた基板はそんなに多くはないですが、もしそのようなものを手に入れても簡単にきれいにすることができます。このようなときは電子部品用イソプロピルアルコール[*1]のウェットティッシュで拭くのが便利なので、僕はいつもそばに置いておきます。図3-7のように、ただふくだけですが、ふいたらきちんと捨てるようにしてください。ビン入りのものや脱脂綿に含ませたものも、この用途に使えますが、大量のプリント基板をハンダづけするような施設でしか見かけることがありません。

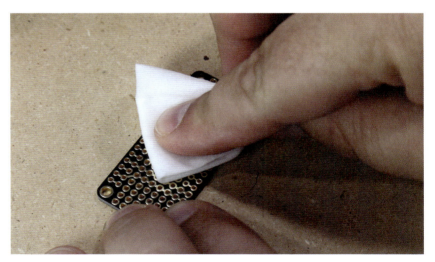

図3-7　ハンダづけの接点をきれいにする

訳注*1　イソプロピルアルコールは毒性があり、近年はイソプロピルアルコールの代わりに、より安全な(毒性の高い物質を含まない)洗浄剤が登場しています。たとえば、サンハヤトから「ニューリレークリーナー」という製品が発売されています。

> 💣 イソプロピルアルコールのウェットティッシュはとても燃えやすいものです。使う前に取扱説明書に書かれたすべての注意を読むようにしてください。また、熱いハンダごてや熱源の近くでは使わないようにしてください。

まずはじめに、プリント基板に部品をのせていきましょう。それぞれについて細かくは説明しません。なぜなら、キットについている説明書に詳しく書かれているはずだからです。代わりに、いったん配置した部品を、どのように物理的かつ電子的につなげるのか、からはじめましょう。最初によくある失敗は、ハンダづけの準備をする間、配置した部品を適切に支えておかないことです。部品を基板に配置して部品の足を約45°の角度に曲げましょう。そうすれば、接点をハンダづけしている間、図3-8のように置いた場所に固定しておくことができるでしょう。

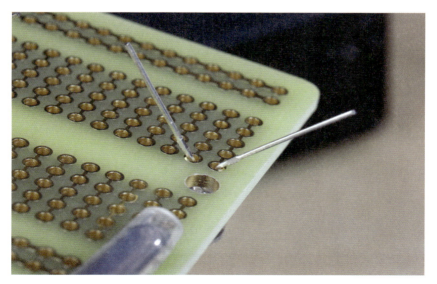

図3-8 配置場所に部品を固定しておくために足を曲げたところ

　　　　　部品は、プリント基板の表面に水平になるように配置してください。
　　　　　ときどき、すべって部品がプリント基板から浮いてしまうことがあ
ります。もしそうなったら、ハンダが熱いうちに、ピンセットやペンチでその
部品を押してください。

　初心者は、図3-9のように部品の足をプリント基板の裏に直角に曲げてしま
いがちです。このようにしてはいけません！　このような曲げ方は、ショートを
引き起こし、ハンダづけや部品の足を切る作業をとても大変にしてしまいます。
多くの場合、基板を裏返しにして配置した部品をハンダづけしますが、もし部品
の足を曲げていなければ、部品は落ちてしまうということを覚えておきましょう。
4章の「トラブルシューティングと失敗したときの直し方」で、このような失敗を
直す方法を読むことができます。

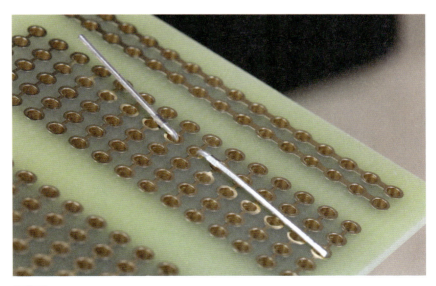

図3-9　部品の足を曲げすぎているため、回路のショートを引き起こします。こんなことはしない
　　　ように！

ICソケットのように長い足がない部品は、一時的に固定するためにテープを使いましょう。テープは部品を固定する以外には使いませんので、溶けてしまわないよう、基板のハンダづけする場所から離して貼るようにしましょう。溶けたテープは、部品をハンダづけするときに、取り除かなければいけないカスを残してしまいます。図3-10のように、銅製のクランプやワニ口クリップを使えば、さらによいでしょう。さまざまな素材の、さまざまなサイズのクリップがあります。入り組んだもののハンダづけをするために、いくつか作業場に持っておくとよいでしょう。

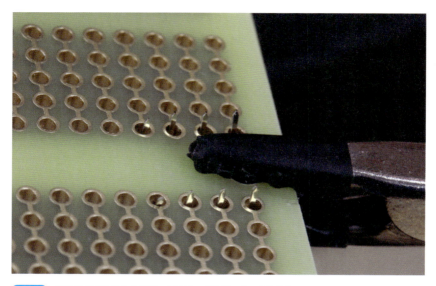

図3-10　部品をおさえるためにワニ口クリップを使っているところ

　いよいよハンダづけをするときがきました！　ハンダごての温度が上がっているのを確認しましょう。温度が上がっているかわからなかったら、ハンダごての先をハンダに一瞬つけて、溶けるかどうか見てみましょう。すぐに溶けるはずです。確認したら、ハンダづけをする前にこて先はきれいにふいておくのを忘れないようにしましょう。

ハンダづけをうまくやるポイントは、こて先を当てる位置にあります〔図3-11参照〕。プリント基板のランドと部品の足の接点に当てる必要があるのです。ハンダが基板と部品のどちらにも流れるように熱します。その間、どのくらいこて先を当てればよいかは、ハンダごての温度によって異なりますが、1、2秒を超えることはありません。通常、2秒ほどこて先を接点に当てればいいでしょう。そして、少量のハンダをおよそ1秒、接点に流します。そこでこて先を離し、ハンダを冷やしてください。

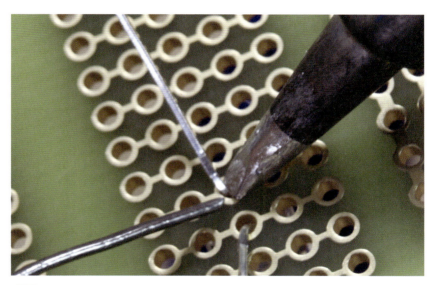

図3-11　ハンダを流す場所と、正しい位置に当てたこて先

　　　以下は、僕がいつも一番最初のハンダづけをしようとしている人にいつも伝えている方法です。

1. ハンダごてを当てたら、「ワン・ミシシッピ、ツー・ミシシッピ」(英語で秒を数える方法です)と唱えましょう。
2. 接点にハンダを流したら、「スリー・ミシシッピ、フォー」と唱えてからハンダごてを離しましょう。

すべての作業は、全部でたったの3、4秒しかかかりません。これ以上かかるとプリント基板か部品が燃えてしまうし、フラックスがハンダから失われて役に立たなくなってしまいます。

　ハンダが「きれいな円錐」になったらタイミングはバッチリです。ハンダはきれいに輝いて、図3-12のように小さな火山型になっているでしょう。ハンダがフラックスとともに加熱され、流れ出すくらいの温度になると、接点に「ぬれ」を作ることができます。

　「ぬれ」は、ハンダがプリント基板の薄い銅の部分に浸透すると起こり、新たに合金を作ります。正しいハンダの「ぬれ」は、理想的な、部品とプリント基板の電気的な接続を可能にするだけではなく、物理的に強い接合を作ります。

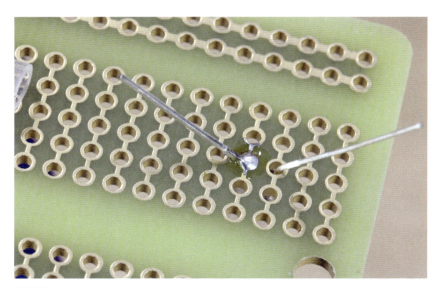

図3-12　しっかりと基本的なハンダがついたところ

もしハンダづけしたところが図3-12のようにならなかったら、4章を開けばうまくいかない例と、失敗したハンダづけをどう直すのか確認することができます。USBポートや電源のような部品は、基板と部品の物理的な接続をとても強くするための大きめのラグ端子があります〔図3-13参照〕。このような部品は使うときに常に力がかかるため、十分なハンダを流すよういつも気をつけましょう。こういった接点には、大量のハンダが流れ込むので驚くかもしれません。ハンダづけをはじめる前に、基板の穴を埋めるために必要なハンダを準備しておいてください。

図3-13　4つのリード線と2つのラグ端子を持つUSBコネクター

069

ハンダごての温度は理屈で決められるものではありません。僕は、作業が速くできるので、ハンダごてを熱めにしてハンダづけをするのが好きです。とはいえ初めのうちは低めの温度にしたほうがよいでしょう。通常、60/40の鉛入りハンダを使うときはハンダごてを340℃に、鉛フリーハンダのときは370℃に設定しましょう。温度が高ければ高いほど、ハンダはすばやく流れます。ハンダづけがうまくなるにしたがい、もっと温度を上げていくようになるでしょう。

ハンダづけがうまくいった後は、部品の足を切ろう

いったんハンダづけができたら、ほとんどの場合は部品の足やリード線を切ることになるでしょう。ほかの部品や工作を収めるケースにぶつからないほど、部品のリード線が短い場合はその限りではありません。

図3-14の左側に、足を切ったLEDがあるのがわかると思います。右側には、ICの足が2列並んでいますが、これらの足は切る必要はありません。部品の足をカットするとき、基板と同じ高さにカットしてはいけません。部品の足は、円錐状になったハンダの頂上、あるいは頂上から1/3ほど下がったところを切るようにして、それ以上は切らないでください。基板ギリギリに切る必要はありませんし、そうすると接合部を弱くし、先々故障を引き起こします。

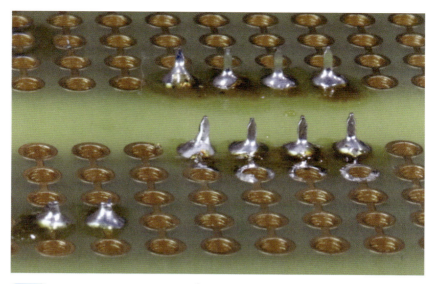

図3-14 ハンダづけ後に足を切ったLED [*2]（左）と、切る必要のないICの足（右）

　図3-15の左側は、基板ギリギリに切られてしまったハンダの接点です。このような接点は電気的、物理的な接合を、将来的に弱くします。こんなに短く部品の足をカットする必要はありません。逆に、右側に残っている部品の足はもう少しカットできます。こんなにはみ出ていると、ほかの部品に引っかかったり、プラスチックのケースに入れるときに邪魔になることがあります。

訳注＊2　写真左側について、原書では「切られていない部品の足」(Wire lead untrimmed)と書かれていますが、写真の内容に合わせて「切った」としました。

071

図3-15 部品の足を切りすぎたもの(左)と部品の足を残しすぎたもの(右)

基板なしで配線や部品をつなぐには

　すべてのハンダづけを、プリント基板と部品の足の接点で行うわけではありません。配線や部品どうしを直接つなぐ必要があることも多いはずです。とてもシンプルな作業ですが、完璧につなげるためのコツや裏ワザをお伝えしましょう。

　作業台の上に直接ハンダづけをする配線を置いてしまいがちですが、これはやらないでください！　作業台の表面を確実に焦がして、ハンダごてのこて先を汚してしまいます。さらに最悪なことに、ハンダづけによる接合部を不安定なものにしてしまいます。代わりに、配線を適切な位置に安全に支えるためにサードハンドを使いましょう。

　ハンダづけをする前に配線どうしをより合わせて、しっかりつなげましょう。次に、つなぎ目にたっぷりハンダを流し込みます。

　図3-16で、サードハンドのクリップが、熱収縮チューブを挟んでいるのがわかるでしょう。これはクリップの歯が、配線の外側の絶縁体を切ってしまうことを防いでいます。絶縁体が切れると、ショートを引き起こしたり、水分や湿気が

内部に入ってしまいます。もし配線がほかの部品につなげられていたら、接点をハンダづけする前よりも先に、熱収縮チューブを入れておくのを忘れないように（熱収縮チューブについては、あとで詳しく説明します）。

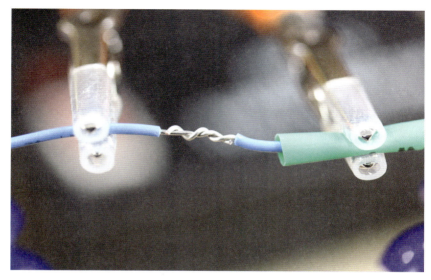

図3-16　ハンダづけの準備がすんだ配線

　NASAには、2本の配線をつなげるときの高度な基準があります。[*3]　NASAの人たちはこの方法を「保線夫結び」[*4]と呼んでいます。読者の方が、そんなに精密なものを組み立てることはないかもしれませんが、2本の配線のハンダづけということであれば、図3-17のような「保線夫結び」に勝つものはありません。図3-17では、事前にハンダめっきされた配線が交差し、さらに、互いに3回巻きつけてあります（配線はつねに、最低でも3回は巻きつける必要があります）。こうすることで、信じられないほど強固な接続となります。

訳注*3　素材や用途によってさまざまな結び方があり、詳しくは75ページのコラムに記載されたURLを参照してください。
訳注*4　原文は「lineman's splice（ラインマンズスプライス）」です。

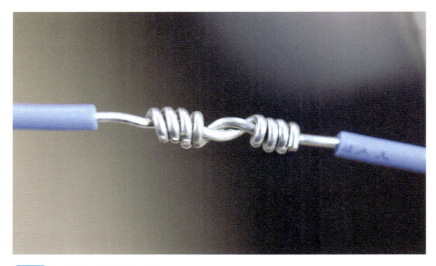

図3-17　NASAの「保線夫結び」

　いったん配線を巻き付けたら配線の端を切り、図3-18のように、たっぷりのハンダで全部を覆ってください。それから、図3-19のように熱収縮チューブでカバーしましょう。もし線のつなぎ目を長持ちさせたいのであれば、NASAの手順に従って「保線夫結び」をしてみてください。

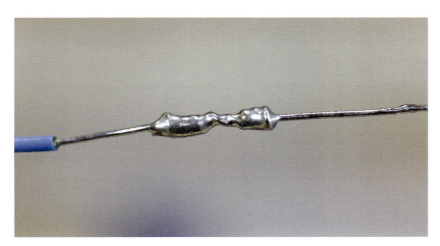

図3-18　ハンダづけされた配線

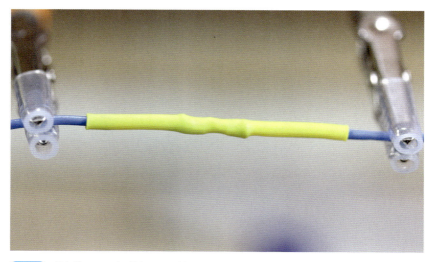

図3-19　熱収縮チューブで絶縁した配線

    もしロケットを作るとなっても、図3-17のような「保線夫結び」は当てになりません。NASAには、重要な機器を作るための数多くの技量基準（ワークマンシップスタンダード）があります。この技量基準はロケットの作り方ではなく、より強固な配線の接続について解説したものです。NASAのプロジェクトを作り出している、興味深い要件について詳しく知りたい場合は、https://go.nasa.gov/2hIhHw3をチェックするか、インターネットで「NASA workmanship standards」を検索してください。

　モーターやスイッチなどのいくつかの部品には、接合端子がついています〔図3-20参照〕。基本的に、ここにはヨリ線を使うのがお勧めです。柔軟性があって作業性がよいからですが、単線でも、もちろん大丈夫です。かなり頻繁に見かけますが、端子に単に配線を置いただけでハンダづけをするのはやめましょう。

075

図3-20 部品の端子に配線をハンダづけする

　端子に配線を通して、すでに覚えた図3-17のような「保線夫結び」をする時間を取るようにします。図3-20のようにスイッチの端子の穴に配線を通し、巻きつけてからハンダづけをしましょう。こうすることで、接触する表面積が大きくなり、ちょうどよい物理的接合を作ることができます〔図3-21参照〕。配線を通す穴がない場合は端子にあらかじめハンダをのせておき、それから端子に配線を置いて接合部を熱し、熱収縮チューブで覆いましょう〔図3-22参照〕。どちらの場合でもハンダは配線と端子に流れて結合します。

　配線をハンダまみれにしているのに、端子を十分に熱しないでハンダづけをする人をときおり見かけますが、これでは接合部に「ぬれ」ができなくなってしまいます。電気的、物理的な接合が緩くなってしまい、失敗しやすくなります。配線の中にハンダを流し、さらに部品の端子の上にハンダをのせ、それから配線と端子を同時に熱しましょう。そうすると均一にハンダがつきます。

図3-21 配線がスイッチの端子にしっかりとハンダづけされたところ

図3-22 ハンダづけした後に配線を絶縁したところ

いったんつなげたら、特にそれが2本の配線をつなげたものであれば、つなげた場所をショートやサビから守る必要があります。保護のためにビニールテープや絶縁テープを使うこともできますが、故障の原因となりやすいです。

また、配線が太くなってしまい、あまり空間に余裕がない電子工作には向きません。一番いいのは、熱収縮チューブを使って接合部を覆うことです〔図3-22参照〕。熱収縮チューブにはいくつか種類がありますが、ほとんど機能は同じです。熱を加えるとおよそ半分ほどの太さに縮みます。

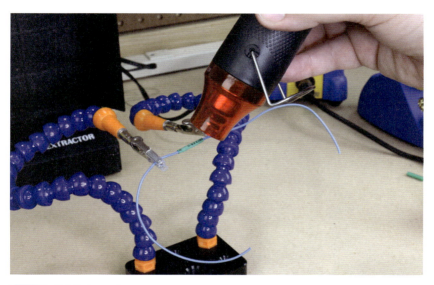

図3-23 熱収縮チューブ

> 💡 ハンダづけをする前に、つなげる配線に熱収縮チューブを入れるのを忘れないようにしましょう。熱収縮チューブを入れるのを忘れて、ハンダづけしたばかりの接合部を切るのはおもしろいことではありません！

熱収縮チューブは、配線がむき出しになっている場所よりも長く、また接点より太く、直径が大きいものを選びます。ハンダづけをする前に、つなげる場所からどかしておく必要があるでしょう。配線をハンダづけしたら、熱収縮チューブをむき出しの配線の上にかぶせ、熱を加えます。そうすると縮んで、回路のショートを防ぎます。熱収縮チューブを加熱するのに、ライターを使うのが非常に一般的ですが、僕はヒートガンを使うことをお勧めします。熱収縮チューブに火がついて燃えてしまうのをよく見ているからです。図3-23で使っているようなヒートガンは、20ドルもしませんし、炎を使うよりもずっと安全です。

　熱収縮チューブから飛び出した配線がショートを起こすことがあるので、ハンダづけをする前に、余分な配線をカットしておきましょう。

　熱収縮チューブ以外に使える絶縁体として、リキッド絶縁テープも使えます。役には立ちますが、あまり仕上がりがきれいではないので、頻繁には使いません。正直にいえば、僕は熱収縮チューブを通しておくのを忘れてハンダづけしてしまったときに、いつもリキッド絶縁テープを使います。笑わないでください。これはきっとあなたにも起こることですよ！

4

トラブルシューティングと
失敗したときの直し方

　ハンダづけはとても簡単ですが、2、3間違いやすいことがあります。幸いなことに、ほとんどの失敗は避けられますし、簡単に直せます。ちょっと練習すれば、数百もの接点をまったく問題なしにハンダづけすることができるようになるでしょう。

よくある間違い

　この章では、ハンダづけ初心者がしがちな、とてもよくあるいくつかの間違いに気づく方法と、そして失敗したときの直し方について、見ていこうと思います。ハンダづけ熟練者でもしばしばこういった間違いはしますので、もし間違ったとしてもがっかりしないでくださいね。練習すればすべてが上達します！

コールドジョイント

　僕が見たことのある、とてもよくある間違いは、部品を均等に、もしくは十分に加熱せずに、コールドジョイントを作ってしまうことです。ハンダごてで部品の足を完全に熱しなかったり、ハンダごてを当てる時間があまりにも短かったり、温度が低すぎると、図4-1のようなことが起こります。ハンダは部品の足にはのっていますが、プリント基板の接点にはのっていません。同じようなことは、基板のランドを部品の足よりも熱しすぎた場合にも起こります。その結果、ランドにはハンダが十分にのりますが、部品の足にはのりません。どちらの場合も、適切に電気的、物理的な接合を作る「ぬれ」ができません。この失敗は通常、ハンダが流れなかった側の接合部の近くを再び熱し、接合し直すことで修正できます。もし、接点が腐食して汚れていたら、もう少しハンダを追加する必要があります。

図4-1 コールドジョイントの例

> 熱しすぎなどいくつかの理由で接点が腐食して（汚れて）しまったら、フラックスかフラックス入りハンダを少し足せば、ハンダが均一に流れるようになります。フラックスペンやペーストをこれだけの理由のために買ってもいいでしょう。接点にもう一度ハンダを流す必要がある場合、フラックスペンは命綱です。接合部にフラックスを軽く塗って、ハンダをもう一度流すだけです。

ハンダが足りないとき

そのほか、やりがちなミスは接点に十分なハンダが流れていないことです〔図4-2参照〕。これは、ハンダづけに対して神経質になっている人たちがやりがちです。熱しすぎると基板が燃えてしまうと考えているため、ほんのちょっとのハンダをのせて、すぐにこて先を離してしまうのです。確かに、高温で長い間加熱しすぎると基板が燃えてしまいますが、十分なハンダをのせないと接続不良となってしまいます。この失敗を直すには、単純に接合部を加熱し直して、ハンダをもう少し流し込みます。

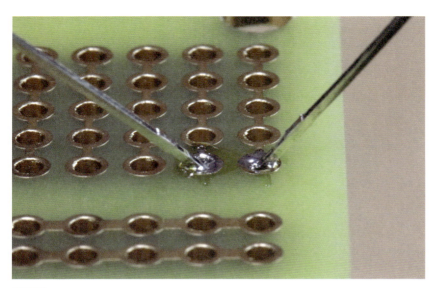

図4-2　ハンダが足りない接合部

ハンダをのせすぎたとき

　ハンダが多すぎるときも問題が起こります〔図4-3参照〕。1つくらいの接合部がそうなったとして、ミスをそのままにしてしまうかもしれませんが、トラブルの原因となります。たとえば、ハンダがほかの部品の足や基板のランドに当たった場合、ほかの部品のリード線とショートしてしまいます。接合部にハンダをのせすぎてしまったら、この章の後半で紹介する、ハンダ吸い取り線か、ハンダ吸い取り器で簡単に取り除くことができます。

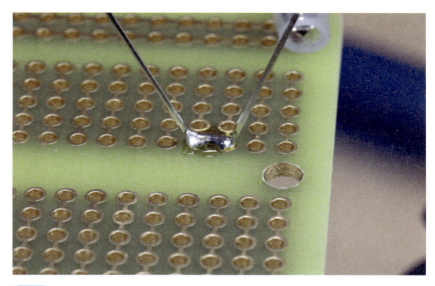

図4-3 のせすぎたハンダによるハンダブリッジ

　　　ハンダづけを身につけようとするときに、よくある失敗を解決する
　　　方法の1つに、ハンダの除去があります。この章の後にある「ハン
ダを取り除く、いろいろな方法」の項で、いくつかの異なる方法について知
ることができます。誰もが必ず間違いをおかすものですが、その修正のた
めに身につけるべき大事な技術です。幸いなことに、適切なテクニックを
使えば、ハンダの除去はそんなに難しいことではありません。

熱しすぎたとき

　ハンダづけする場所を少ししか加熱しないことはよくあることですが、熱しすぎるのも同じくらい問題です〔図4-4参照〕。接合部の品質に悪い影響を与えますし、基板を溶かしたり、燃やしたりしてしまいます。どちらもよくありません！

　あまりないことですが、ときには、基板のランドが修復できないほど壊れてしまうこともあります。ハンダづけされた部品が、もしICだったり熱に弱い部品だったりした場合、熱しすぎるとダメージを与えることもあります。加熱しすぎによる失敗は直すのが難しいため、熱を加えすぎないよう予防するのが第一です。ハンダを流し直し、ちゃんと接合すれば済むので、コールドジョイントを修正するほうがずっと簡単です。

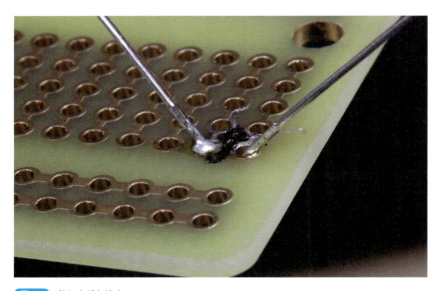

図4-4　熱しすぎた接点

動かしすぎたとき

　作業時には、部品をしっかりと固定する必要がありますが、そのためにサードハンドや基板用バイスを使います。もしハンダが熱い間に部品が動いてしまうと、接合部が、図4-5の左側のように、ぐちゃぐちゃになってしまいます。これは、**いもハンダ**と一般的に言われるものです。

　このような接点では、きちんとした電気の接合が作れませんし、時間が経つと故障してしまうような、もろい接合となっていまいます。この場合、動かさないようにして接合部にハンダを流し直せば、いつでも直せます。繰り返しますが、ハンダを確実に流し、きちんとした「ぬれ」を作るために、ほんの少しのフラックスかハンダを追加して流す必要があります。

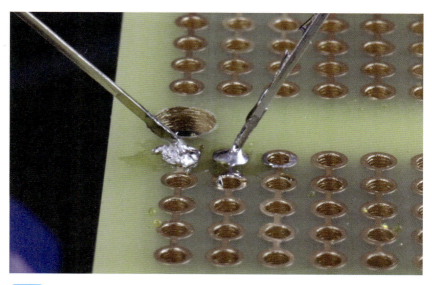

図4-5　ハンダづけ中に、いもハンダになった接点

部品の足を基板にハンダづけしてしまったとき

　部品を基板につけるときに部品の足を曲げすぎて、基板にリード線を不注意にハンダづけしてしまうことが、ときおりあります〔図4-6参照〕。これはショートを引き起こすダメな例です！　この失敗は、部品の足を接点から45°以上に曲げないようにすれば簡単に避けることができます。失敗を直すには、くっついてしまったところをすべて取り除いて再度ハンダづけする必要があります。でも、心配しないで。ハンダを取り除くのは難しいことではありません！　この後でそれについてお話するつもりです。

図4-6　寝かせすぎて基板にハンダづけされてしまった部品の足（悪い例！）

　最初のほうでお伝えしたように、いろいろな間違いの修正方法は多くの場合、単にハンダを取り除いてやり直すだけです。うれしいことに、ハンダを取り除くのは難しいことではなく、またいくつか方法があります。次の項でそのいくつかを確認し、便利なツールの使い方について学んでいきましょう。

ハンダを取り除く、いろいろな方法

　この章を通じて書いてきましたが、よくある間違いの中には、ハンダを取り除くことで修正できるものもあります。失敗の内容によって、いくつかの異なるハンダ除去の方法があります。

　ハンダブリッジ〔図4-7参照〕を修正する最も簡単で最速の方法は、単純に接点を再加熱し、ハンダを少し取り除くことです。このとき、あらかじめハンダごてを熱くしておき、こて先クリーナーでふいてこて先から余分なものを取り除いておいてください。次に、ハンダごてで接点を熱し、余分なハンダをこて先に移します。ハンダを移したらこて先を離し〔図4-8参照〕、こて先クリーナーでこて先をきれいにします。余分なハンダが十分取れるまで、この手順を何回か繰り返しましょう。ただし、ハンダや基板を熱しすぎないよう気をつけてください。ハンダブリッジが2つのランドにまたがっていたら、多くの場合はすばやく熱し直すことで解決します。

図4-7　ハンダブリッジ

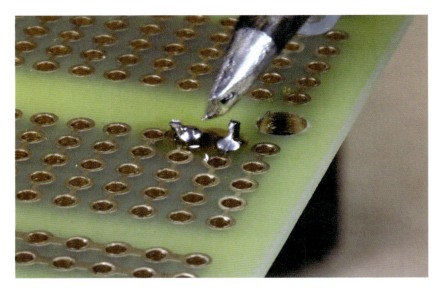

図4-8 ハンダブリッジを修復しているところ

　もしハンダが多すぎて、熱し直してハンダを取り除く方法がうまくいかない場合や、修正したいハンダブリッジがたくさんある場合は、ハンダ吸い取り線を使えば簡単です。まずハンダごてをきれいにし、熱くしておきます。次に、ハンダ吸い取り線を取り除きたいハンダの上にのせます。ハンダごてをハンダ吸い取り線の上にのせると、ハンダ吸い取り線がハンダを吸い取るのがわかるでしょう〔図4-9参照〕。ハンダ吸い取り線がハンダを吸い取ったら、ハンダごてとハンダ吸い取り線を同時に取り除いてください。ここで大事なのは、**同時に**行うということです。溶けているハンダは、確実にハンダ吸い取り線に移ります。

　余分なハンダを取り除くのに、ハンダ吸い取り線は良い方法ですが、部品を外すためにすべてのハンダを取り除きたかったら、次に紹介するハンダ吸い取り器を使ったほうがよいでしょう。

図4-9　複数のハンダブリッジ（上部）と、ハンダ吸い取り線で修正しているところ（下部）

図4-9で、ハンダごてのこて先が急速に腐食しているのにお気づきでしょうか。ハンダ吸い取り線を続けて使ったときは、常にこて先をきれいにするよう心がけましょう。そうすればハンダごては使いやすく、こて先ももっと長持ちさせることができます。

ハンダ吸い取り器は、溶かしたハンダを安全に取り除くことができる、小さな手動吸い取りポンプです。ハンダ吸い取り器を使うのは簡単ですが、タイミングが大事です。吸い取り器のレバーを押し下げて、ハンダを吸い取る準備をしておきましょう。次に、ハンダごてとハンダ吸い取り器を両手に持ち、ハンダごてで取り除きたいハンダに熱を加えます〔図4-10参照〕。そしてハンダごてを離したら、すぐにハンダ吸い取り器の先をハンダに当てて、ボタンを押します。すると溶けたハンダが吸い上げられます。最後に吸引器を押し戻して、冷たくなったハンダを手頃な容器に捨てます。この手順を繰り返して、すべてのハンダを取り除きます。

図4-10 ハンダ吸い取り器でハンダを取り除く必要のある部品

この方法でハンダを取り除くためには、一瞬のタイミングを合わせる必要があります。僕はいつも、接点を加熱してハンダ吸い取り器を使う前に、特に高価な部品のときは、最低一度はこの動作を練習します。ちょっとした練習をすることでも、数秒の余裕が生まれます。

　図4-11にあるような自動ハンダ吸い取り器は、この本を執筆するための調べものをする中で出会った新しい道具です。普通のハンダ吸い取り器のように、取り除きたいハンダに当てて使いますが、この道具はヒーターを内蔵しているので、ハンダごてで熱した後、急いで（または裏ワザのように）ハンダ吸い取り器に持ち替える必要がありません。普通のハンダ吸い取り器も使いやすいので、すべての人にこの道具が必要なわけではありませんが、いろいろな人がいる工作室、とりわけハンダ講習をしている工作室などでは、この道具は失敗を直す助っ人となるでしょう（そして基板を救うことにもなります！）。毎日使う道具としては、普通のハンダ吸い取り器で十分です。でも、僕が学生のグループに教えるとき

には、確実にミスが発生すると思うので、絶対に自動ハンダ吸い取り器を持っていきます。

図4-11　自動ハンダ吸い取り器

　ハンダ吸い取り器を使ったら、吸い取ったハンダを器具から出さないといけません。でも、どこに出したらいいでしょう？　工作台の上に、もっと悪いことに床に落としている人をよく見かけますが、小さなハンダのかけらが基板につくと、ショートの原因になります。さらには、鉛入りハンダが足について、さまざまな場所に運ばれ、環境を汚染してしまいます。ハンダ吸い取り器のために、ハンダ吸い取り壺とでもいうべき、ちょうどいいハンダ処理装置を作りましょう〔図4-12参照〕。この工作は電子工作室のための、とっても簡単なDIYプロジェクトの1つです。加工しやすい容器を見つけて、てっぺんに小さな穴を開けるだけです。一度ハンダ吸い取り器を使ったら、容器の上に開いた穴に先を当てて、吸い取ったハンダを出します。もし自動ハンダ吸い取り器を使うのであれば、熱い先端が当たってプラスチックが解けないよう、開口部を十分に大きく開けておく必要があります。

093

図4-12　吸い取ったハンダを安全に捨てるために、ハンダ吸い取り壺を作りましょう

はがれたランドの修復

　まれにですが、はがれてしまったランドを修復しなければいけないときもあるでしょう。プリント基板を激しく熱しすぎると起こりやすいことですが、品質の悪いプリント基板でも起こるのを経験しています。評判のよいお店で部品を買っているのなら、このようなことはほとんど起こらないでしょう。品質の悪い基板は、たいてい安価で、名もないオンラインショップで買ったものです。安物買いの銭失い、といったところでしょうか。

　率直に言って、僕の工作室にあるような、品質のよいプリント基板のランドをはがすのは信じられないくらい難しいことです。とはいえ、ハンダの接点をわざと30秒以上加熱し続けた後、つまりいつもより26秒余計に熱したところ、少しランドをはがすことができました。このたぐいの失敗をするのがいかに難しいか驚きました。信頼できるところからプリント基板を買ったことの証明でもあります。

はがれたランドを直せないことはよくありますが、ランドがはがれても、工作の動作には最終的に影響しないこともあります。とはいえ、この失敗を直したいと思う人がほとんどでしょう。いったんランドがはがれたことに気づいたら、まず作業をストップしましょう！　次に、ハンダを、ハンダ吸い取り器を使って取り除きましょう。そして、部品の足を切ります。ランドを正しい場所に固定できるくらい、なおかつほかの部品にぶつかって回路をショートさせないくらいの長さにします。そして、切った部品の足を基板に対し90°の角度に曲げ、ランドを正しい場所に固定します。最後に、接点をハンダづけします。図4-13では、ほかの部品がない右側に足を曲げ、そこでハンダづけをしています。はがれたランドはこれで直せます。もしこれでもダメだったら、新たな配線で接続をバイパスすることもできます。ただ最悪の場合は、新しいプリント基板からやり直すことになるかもしれません。

　幸いなことに、数回のハンダづけを通して、その方法を身につけてしまえば、ランドがはがれることはまれでしょう。また直せないほどにプリント基板が壊れてしまうことはもっと珍しいでしょう。

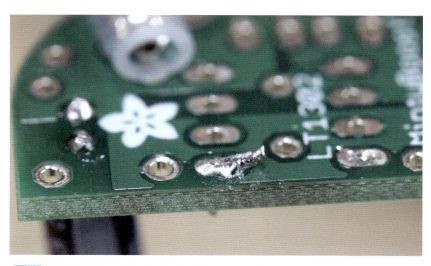

図4-13　熱しすぎて壊れた基板のランドを直しているところ

095

5

上級者向けハンダづけ

　ここまで、足がある部品をプリント基板にハンダづけする方法について学びました。ここから、**表面実装部品（SMD）**のハンダづけについて見ていきます。これは、部品を直接基板に並べてハンダづけするもので、リード線があることも、ないこともあります。このタイプのハンダづけは、**表面実装（SMT）**と呼び、もっと高度なツールを使って、ほとんどの場合は機械によって行われます。でも、手作業では不可能、ということではありません。この章ではそのテクニックを紹介します。

097

いくつかの理由から、表面実装部品を使いたいと思うかもしれません。1つには、使いたい部品が表面実装パッケージでしか使えない場合。エレクトロニクスの世界では常にサイズが小型化しています。大きなサイズを好むエレクトロニクス愛好家が多いものの、ときおり大きな部品を選べないこともあります。多くのLEDや抵抗、ICには、簡単に基板にハンダづけできるような長い足がある部品を選べますが、高性能なセンサーやICでは、主に表面実装を行うことが多いでしょう。また別の理由として、自分の作品をもう少し小さくしたい場合があります。小さくて簡単にハンダづけできるので、僕はいつも表面実装LEDを使っています。それに正直に言って、すごくかっこよく見えるからでもあります〔図5-1参照〕。

普通のハンダごてで、実際に表面実装部品をハンダづけできるのか、知りたいでしょう。この答えはイエスですが、部品の状況によります。ハンダづけしようとする部品は端子が外に出ていなければいけません。目に見える端子がない部品には、もっと複雑な技術が必要となります。

図5-1　表面実装部品を普通のハンダごてでハンダづけしているところ

通常、表面実装部品は、ホットエアー*1やリフローオーブン*2でハンダづけします（もし、ホットエアーの使い方が知りたかったら、104ページのコラム「表面実装のハンダづけ？　ホットエアーがいいかも」を見てください）。これらの技術は、この本の範囲をはるかに超えています。幸いなことに、目に見える接点があり、普通のハンダごてと手で簡単にハンダづけできる端子を持つ部品はいっぱいあります。

表面実装のことについては、学べることがたくさんありますが、この本では、命名規則や型番、具体的な形状などのすべての詳細についてカバーすることはできません。しかし、いくつかの基本的なコツと裏ワザを伝授することはできます。僕が理解するまでに長い時間かけてしまったことを学んでほしいのです。普通のハンダごてで簡単に、いろいろな種類の表面実装部品をハンダづけできるのです！

道具

表面実装部品のハンダづけは、普通のハンダごてでできると書きました。これはほぼ本当のことですが、部品をもっと簡単に扱うために、工作室に加えてほしいいくつかの道具と材料があります。

表面実装部品のハンダづけを身につけるときに、特に難しい部分は部品自体の大きさです。いくつかの表面実装部品と比べると米粒さえも大きく見えるでしょう！　ハンダブリッジが接点にできていないか確認するために、拡大レンズが必要になると思います。図5-2に、僕が使っている、2つの拡大鏡があるのがわかるでしょう。僕は、長い時間のハンダづけ作業のときは、右側にあるグレーのストラップのものを使っています。この拡大鏡は使いやすいものですが、左側にある黒いフレームのものより、身につけたときに快適ではありません。シンプルな拡大鏡や宝石鑑定用のルーペも使えますが、手で持たなければいけません。小さな部品をハンダづけするときは、両手を空けたいはずです。

訳注*1　ホットエアーの出す高熱の風を基板とハンダと部品に当てて熱してハンダづけします。
訳注*2　ハンダづけ専用のオーブンで、オーブンの中に基板とハンダと部品全体を入れて熱してハンダづけします。

図5-2　拡大鏡

　かつて、僕は表面実装部品のハンダづけに、立体視ができる拡大鏡を使っていたことがありますが、その拡大鏡が修理できないほど壊れてしまった後、代わりにもっと手ごろな値段のものを探すことにしました。中古の立体視拡大鏡でも数百ドルもしてしまうので、もっとよいものがあるはず、と考えたのです。とても短い間ですが、USB接続の拡大鏡を使っていたことがあります。これはたったの30ドル程度と安価でしたが、常にコンピューターに接続しなければならず、実用的ではありませんでした。そこで、図5-3の写真にあるような、単独で使えるデジタル拡大鏡を見つけました。そうしたら、ハンダづけがとてもやりやすくなったのです。この拡大鏡は信じられないほど使いやすく、充電池を内蔵し、明るさを変えられ、そしてシンプルな拡大機能があります。そして写真を撮影し、マイクロSDカードに保存しておくことができます。僕が購入を決めたのは、その値段でした。こういった拡大鏡は、ネットで60ドルほどで見つけることができます。いくつかの会社がこのような拡大鏡を販売していますが、すべて同じ仕様で、見かけも同じです。僕は値段と送料、それと値段に見合っているかどうかで決めました。ハンダづけに限らずいつも使っています。

図5-3 独立型デジタル拡大鏡

　最初に話したとおり、表面実装技術や部品を扱うのは骨が折れます。そこで、少なくとも図5-4にあるような精密ピンセットが必要になるでしょう。このタイプのピンセットは、尖った先端と、曲がった先端のものがありますが、どちらも使いやすいものです。部品を傷めないよう、静電対策と防磁処理がされているものにしてください。小さな部品を配置するのに、性能のよい精密ピンセットを使えば、イライラする時間がなくなります。

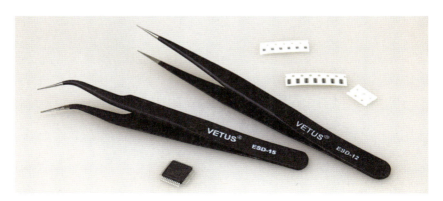

図5-4 静電防止精密ピンセット

101

表面実装をするときには、普通のスルーホール部品を使うときほどには、サードハンドは使用しないでしょう。ほとんどの人は配線が基板から抜け落ちないように、作業台の上に基板を水平に置きます。このことから、高品質のシリコンマットの購入をお勧めします〔図5-5参照〕。作業台の表面を加熱から守るだけでなく、すべての部品を保持するのを助けてくれます。ただハンダごてを使うだけなら、シリコンマットは必要ではありません。でも、将来的に修理もするつもりなら、作業台に1つ持っておくとよいでしょう。マットを選ぶときは、耐熱性のハンダづけ用のものにしましょう。

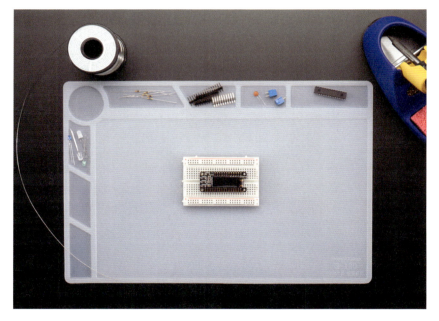

図5-5　断熱性シリコン修理マット（IMAGE COURTESY OF ADAFRUIT INDUSTRIES, CC BY-NC-SA 2.0.）

　僕のお気に入りの表面実装用のツールは、Adafruit Industriesの、One PCB to Ruler Them All（多機能PCBルーラー）[*3]です。これは、小さな両側

訳注*3　スイッチサイエンスにて「Adafruit PCB Ruler」の名称で販売されています（https://www.switch-science.com/catalog/1541/）。

に目盛りの入った定規で、ほとんどすべてのQFNやTDFN、SOICやSOPなどの表面実装パッケージの大きさ（「フットプリント」と呼びます）がわかります。

　全部の詳細については、細かくは見ませんが（ほかの本に当たってください）、基本的に、大きさの異なる部品すべてのサイズがわかるようになっています。ほかにも配線の太さがわかりますし、もちろん小型の6インチ定規としても使えて便利です。僕はいつも、部品の大きさを調べるときに使います。

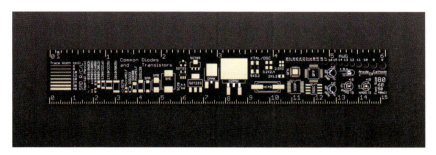

図5-6　One PCB to Ruler Them All（多機能PCBルーラー）の表側

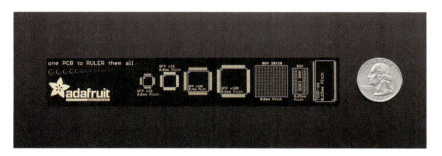

図5-7　One PCB to Ruler Them All（多機能PCBルーラー）の裏側
（IMAGE COURTESY OF ADAFRUIT INDUSTRIES, CC BY-NC-SA 2.0.）

　小さな携帯型の手動式の吸着ピンセット〔図5-8参照〕があると、基板の上に大きめの表面実装部品を配置するときに便利です。もし2、3ドル余分に予算があったら（この道具の値段は文字どおり、たったの2、3ドルです）、1つ選んで作業場に置いておきましょう。でなければ、その作業は品質のよい精密ピンセットでしっかりと行いましょう。

103

図5-8 吸着ピンセット

表面実装のハンダづけ？
ホットエアーがいいかも

　たとえ表面実装をするとしても、初心者ならホットエアー〔図5-9参照〕を使う必要はありませんが、作業場にあると便利なときがあるので、ここに記載しておきます。まず第一に、普段から使える温度調節可能なハンダごてが内蔵されています。第2に、熱収縮チューブを縮めるときなど、ほかの用途に使えます。そして第3の理由として、いくつかのものには吸煙器が内蔵されています。これらの機能がついて、値段はだいたい100ドル程度からとなっています。もし表面実装の工作まで手を広げたかったら、とりわけ、BGA（ball grid array）を使っているような、高機能の部品を扱うようであれば、絶対に1つは必要になるでしょう。とはいえ、この道具はこの本のレベルを少し超えています。認めましょう、はるかに超えているんです！　ハンダづけを探求し、その核心に触れたら、いつ、そしてなぜホットエアーが必要なのか、自ずとわかるときがくるでしょう。

図5-9　ホットエアー

素材

　ハンダづけに必要となるいつもの材料と合わせて、表面実装部品のハンダづけを身につけるときに用意しておきたい素材がいくつかあります。ハンダは、この本の最初のほうでお話したのと同じタイプのものを使えばよいでしょう。直径が細いハンダは便利ですが、必須ではありません。ほとんどの素材は部品が小さいことから必要になるのですが、特に表面実装部品のハンダづけのために欠かせない素材がいくつかあります。高価なものはありませんし、ほとんどのものは工作室で別の用途にも使えます。

　普通のスルーホール部品のハンダづけでは、フラックスペンは必要ありません。しかし、表面実装部品のハンダづけでは、しっかりとした接点を作るために必要になります。フラックスペン〔図5-10参照〕をフラックス入りハンダと一緒に使えば、「ぬれ」が簡単にできます。パッドは小さいので、ほんの少し腐食しただけでも、ハンダづけがやりづらくなります。我々がやりがちな、ハンダを長い間溶かしたままにするようなテクニックは腐食をさらに進めます。

105

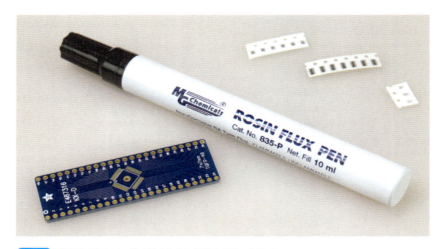

図5-10 表面実装のハンダづけのときに必要なフラックスペン

　表面実装部品のハンダづけをするときに、ピッチ変換基板はとても便利な道具です〔図5-11参照〕。この基板は、いろいろなメーカーから買うことができます。つまり、表面実装パッケージでしか使えない部品のために、わざわざ自分で変換基板を設計する必要はありません。ピッチ変換基板を使えば、簡単に部品を決められた位置に配置したり、表面実装部品のピンからつながっている配線をハンダづけすることができます。どんな部品を使っているのか確認してから、それに合った変換基板を使うようにしてください。ピッチ変換基板には、さまざまな形状があります。

　Chip Quikのキット[*4]は表面実装部品を傷つけることなく取り除くことができる、専用フラックスと特殊ハンダです〔図5-12参照〕。これまで、普通のハンダごてでハンダづけされた部品を外すのは大変だったはずです。部品を取り外すには、ホットエアーを買う必要があるでしょう。Chip Quikのこのキットはすべての工程を簡単にし、必要になるのは普通のハンダごてだけです。作業手順は、この章の後のほうで「失敗してしまったら──部品の取り除き方と修理の方法」の項で紹介します。

訳注*4　代替として、日本で入手しやすい、サンハヤトの表面実装部品取外しキット「SMD-21」と「SMD-51」がお勧めです（https://www.monotaro.com/g/00131994/）。

106　ハンダづけをはじめよう｜5章 上級者向けハンダづけ

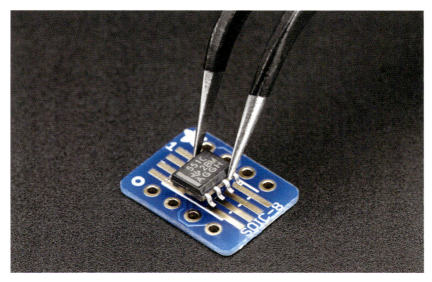

図5-11 SOIC8用表面実装ピッチ変換基板
(IMAGE COURTESY OF ADAFRUIT INDUSTRIES, CC BY-NC-SA 2.0.)

図5-12 Chip Quik 表面実装取り外しキット
(IMAGE COURTESY OF ADAFRUIT INDUSTRIES, CC BY-NC-SA 2.0.)

シンプルな表面実装部品のハンダづけの方法

　表面実装部品のハンダづけは、スルーホール部品のハンダづけとは大きく異なります。0805 LEDのハンダづけからまずは始めましょう。この部品には目に見える端子がありませんが、簡単にハンダづけすることができます。0805とはサイズのことで、ほんの0.08インチ×0.05インチ（約2mm×1.3mm）の長さということです。これは小さいサイズですが、0201ほどではありません！〔図5-13参照〕　次に、部品の正しい向きを把握しましょう。普通のスルーホール用LEDには、長い足と短い足があります。長い足はプラス極です。表面実装部品では、製造元は部品の極性について、それぞれ違う方法で印をつけています。一般的には、極性を表すためにLEDのどこかに印をつけるか、プラスチックに切り込みを入れていますが、製造元によって異なるので、確実に把握するには部品のデータシートを確認する必要があります。

図5-13　表面実装部品のサイズ

　まず最初に、部品をハンダづけする場所のパッドをフラックスペンでふきましょう。腐食を少なくして「ぬれ」を作りやすくします。つぎに、ハンダごてを熱くして、こて先をきれいにしましょう。次に、こて先にハンダを少し溶かして、部品を配

置したいパッドに1、2秒置きます。図5-14のように、こて先に少しだけのせたハンダが基板のパッドに流れます。

図5-14 表面実装LEDのハンダづけをするために、フラックスペンを使い、その後パッドの1つにハンダをのせたところ

次に、あらかじめハンダをのせておいたパッドに部品をのせ、接点をハンダごてで熱します。ハンダがもう一度流れて、部品が基板に収まります。加熱をやめ、次のステップで部品を固定します〔図5-15参照〕。

片側がハンダづけされたら、部品のもう片側とパッドをハンダごてで加熱します。熱している間、接点にほんの少しのハンダを加えてください。少量のハンダでも広範囲に広がります。部品の端をきれいに輝くハンダが飲み込んで、全体の印象はスルーホール部品のハンダづけと同じようになるでしょう〔図5-16参照〕。そうしたらこの手順を繰り返して、ほかの場所も適切にハンダづけします。うまくいかなかったら、必要なだけフラックスとハンダを追加します。表面実装部品を固定するには、たいてい、ほんの少しのハンダで足りるため、余分なハンダを加える必要はありません。最後に余分なフラックスをきれいにするため、アルコールでふきます。僕は、この用途のためにウェットティッシュを使っています。

109

図5-15　配置した表面実装部品のハンダづけ

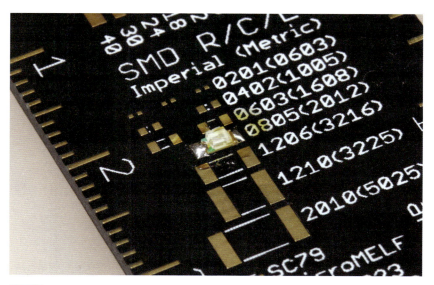

図5-16　配置した表面実装部品のハンダづけ

110　ハンダづけをはじめよう | 5章 上級者向けハンダづけ

たくさんの端子がある
表面実装部品のハンダづけの方法

　いくつかの表面実装部品には、図5-17にあるような、小さなリード線の足があります。このような複数の足をハンダづけするために、基板のパッドにあらかじめハンダを流しておくこともできますが、すべてのハンダを一度に流すと、部品を適切な場所に配置できないことがあります。幸いなことに、このようなタイプの接合を行うのに、もっと簡単でもっと効果的な方法があります。

図5-17　配置したICを仮止めする

111

部品をハンダづけしたい全部のパッドにフラックスを塗ってください。次に、部品の向きをきちんと合わせてください。もし向きがわからなかったら説明書かデータシートをチェックしましょう。そうしたら、きれいにしたこて先にハンダを少しのせます。それから表面実装部品を置いて、部品の足の1つに熱を加えます。部品の足にハンダが流れたら、加熱をやめます。ハンダごての温度にもよりますが、ここまでたった1、2秒しかかかりません。部品の仮止めができたので、次のステップに移ります。部品が仮止めされたら、部品の足が基板のパッドすべてに正しく配置されているか確認します。もし配置されていなければ、もう少しフラックスを足して仮止めした足を熱し、部品が正しい場所に収まるよう、慎重に動かします。

　そして、仮止めされていない側の足に取りかかります。1つの足にこて先とハンダを当てます。ハンダが溶け始めたら、すぐにこて先を引いて、作業している側の部品のすべての足にハンダがいきわたるようにします〔図5-18参照〕。この方法は、見たとおりの理由から、**ドラッグハンダづけ**と呼ばれます。ハンダブリッジができてしまってもご心配なく。必ず2、3個はできてしまうものです。最も重要なのは、十分なハンダがのり、適切にパッドと部品の足が「ぬれ」ることです。表面実装部品すべての足に、この手順を繰り返します。

　部品の足に余分なハンダがついてしまうことは避けられないでしょうし、1、2個ハンダブリッジもできるかもしれません〔図5-19参照〕。ハンダブリッジができてしまう数は、部品の足の数と間隔の狭さに大きく関係しています。1、2本の足にできるかもしれませんし、すべての足にできてしまうかもしれません。でも、簡単に直せるのであわてずに。実際、この場合は少し余分なハンダがあるほうがよいのです。すべての足に「ぬれ」をきちんと作りたいからです。

　ハンダブリッジを直し、部品から余分なハンダを取り除くには、ハンダ吸い取り線を使います。ハンダ吸い取り線を部品の片側のすべての足に当て、ハンダごてで上から加熱します。

　余分なハンダが吸い取られ、きれいな接点が残るでしょう。図5-20の左側が、きれいになった部品の足です。右側が、余分なハンダを吸い取っているところです。余分なハンダを取り除くには、ほんの2、3秒加熱すれば大丈夫です。接点の見栄えはすばらしくなり、もっと重要なことに、完璧に作動するようになります。

図5-18 ドラッグハンダづけテクニックでICのハンダづけをしているところ

図5-19 部品についた余分なハンダとハンダブリッジ

113

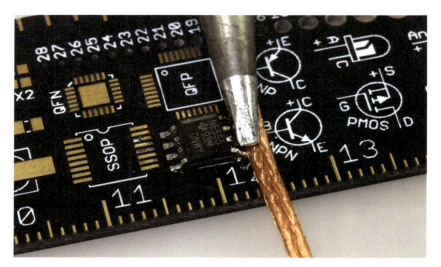

図5-20 余分なハンダをハンダ吸い取り線で吸う

　これでおしまいです！　まるで製造工場の工場設備を使ってハンダづけをした表面実装のように見えるのが、図5-21から、わかるでしょう。僕も表面実装を自分の工作に取り入れるのがこんなに楽なことだと、もっと前に知っておきたかったです。

図5-21 表面実装でのハンダづけが終わったところ

114　　ハンダづけをはじめよう｜5章 上級者向けハンダづけ

失敗してしまったら
──部品の取り除き方と修理の方法

「もし失敗したらどうしよう?」と思ったことがあるかもしれません。正しい場所に部品をハンダづけするのはとても難しいことです。ハンダごてだけで、何本もの足がある表面実装部品をどうやって取り除いたらよいのでしょう? ほんの少しのChip Quikのキット[*5]と普通のハンダごてがあれば、言うほど難しくはないですし、ホットエアーも必要ありません。Chip Quikの特殊ハンダには特別な金属合金が使われていて、ハンダと結合してしばらく溶かした状態にします〔図5-22参照〕。普通のハンダごてですべての足を加熱するだけで、ピンセットでパッドから部品を外すことができるのです。まずは、図5-22のようにChip Quikフラックスをつけましょう。次に、図5-23のように、取り除きたいすべての部品の足に特殊ハンダが流れるようにしてください。そして、もう一度ハンダごてですべての足を熱します。Chip Quikの特殊ハンダは、普通のハンダをしばらくの間、溶けた状態にするのをお忘れなく。そうしたら急いで部品をピンセットでつかみ、基板から取り除いてください〔図5-24参照〕。

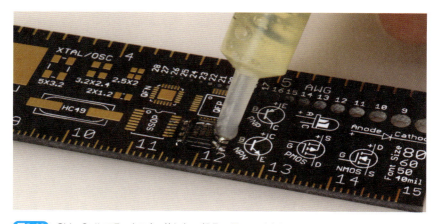

図5-22 Chip Quikフラックスを、外したい部品の足につけたところ

訳注*5 代替として、日本で入手しやすい、サンハヤトの表面実装部品取外しキット「SMD-21」と「SMD-51」がお勧めです(https://www.monotaro.com/g/00131994/)。

115

図5-23　部品を基板から外すため、Chip Quik特殊ハンダを使っているところ

図5-24　部品が取り外せたところ

　最後に、残っているハンダをハンダ吸い取り線できれいにし、Chip Quik表面実装取り外しキットに入っているアルコールパッドでふいてください。これがホットエアーを使わずに部品を取り外せるすばらしい方法です。

116　　ハンダづけをはじめよう｜5章 上級者向けハンダづけ

まとめ

　これまで、表面実装部品の基本のすべてを紹介しました。ステンシルやリフローオーブンなど、紹介すべきものがもっとありますが、その分量はもう1冊まるごと、もしくは2冊分ほどにもなってしまいます！　願わくば、この本が読者を正しい方向に、そしてもっと知りたくなるよう、導くことができればよいのですが。それでは、ハッピー・ハンダづけライフを！

付 録

紙箱で作るハンダの 煙吸い取り器

作・解説：テクノ手芸部

2章のミント缶吸煙器の作例をアレンジしたものです。

ミント缶の代わりに、工作しやすい紙箱を使ってみましょう。コンセントに挿して使う電源アダプターを利用しています。

煙吸い取り器の完成写真

12Vのパソコンケース用のファンを使います。静音タイプとそうでないものがありますが、静音性の高いものは吸い込む力が弱いことがあるので注意が必要です。今回フィルターにはキッチンの換気扇用のものを使用してみました。

材料

- □ ファンがすっぽり入るサイズの紙箱（筆者は百円ショップで購入しました）
- □ 12V DCファン
- □ ファン用カバー
- □ 2.1mm DCジャック
- □ スイッチ
- □ 12V ACアダプタ（センタープラスのもの）
- □ 換気扇用のフィルター

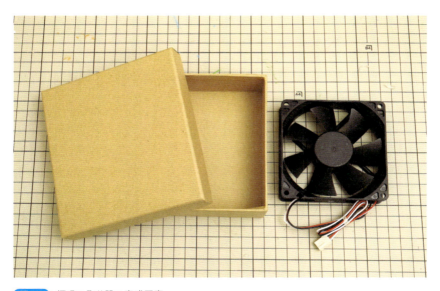

図A-1　煙吸い取り器の完成写真

図A-2 スイッチとDCジャック

図A-3 12V ACアダプタ

121

道具

- ☐ ハンダごてとハンダ
- ☐ 防護メガネ
- ☐ ニッパー
- ☐ カッター
- ☐ グルーガン、あるいは接着剤
- ☐ (あれば)サークルカッター
- ☐ (あれば)電気ドリル

入手先

- 紙箱：百円ショップ　など
- 12Vファン、ファン用カバー：PCパーツショップ
- 電子部品：秋月電子通商

作り方

1. 使用するファンの大きさに合わせて紙箱を切り抜きます。サークルカッターと呼ばれる、円形に切り出すカッターを用いるときれいに仕上がります。切り抜くのに手間がかかりますが、食品用のストッカー(タッパー)などを使ってみてもよいでしょう。

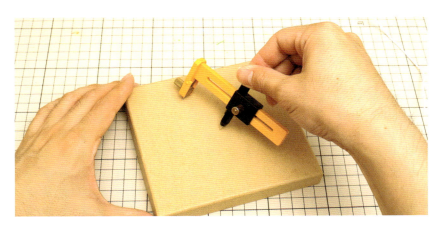

図A-4　サークルカッターで切り抜く

2. ファンと、ファンカバーをグルーガンで接着します。ボンドなどで固定しても OK。

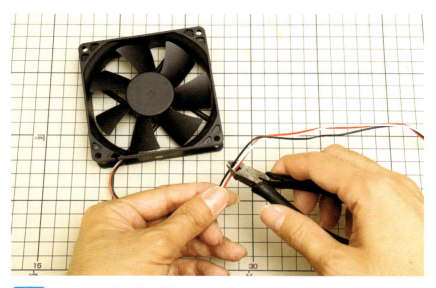

図A-5　ファンのケーブルが長い場合は適宜、切っておく

図A-6　ファンをグルーガンでとめる

123

図A-7　ファン用カバーを接着する

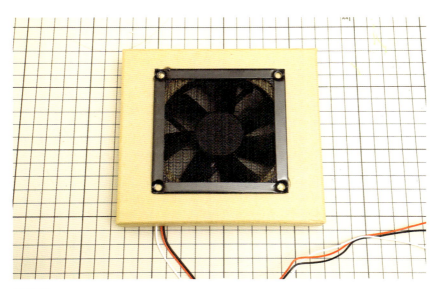

図A-8　ファン用カバーが付いたところ

124　ハンダづけをはじめよう｜付録A　紙箱で作るハンダの煙吸い取り器

3. DCジャックにリード線をハンダづけします。

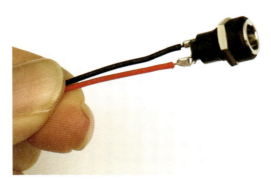

図A-9 リード線をハンダづけしたDCジャック

4. 箱の横面に、ドリルやカッターを使ってスイッチとDCジャック用の穴を開けます。

図A-10 箱にDCジャック用の穴を開けているところ

125

5. スイッチとDCジャックをグルーガンで固定します。

図A-11 スイッチとDCジャックを固定したところ

6. スイッチとDCジャック、ファンをハンダづけで結線します。図A-13で示す回路図を参考にしてみてください。

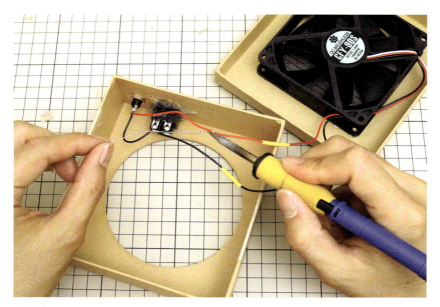

図A-12 回路図を参考にハンダづけしていく

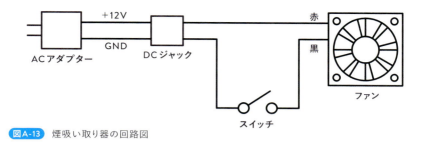

図A-13 煙吸い取り器の回路図

7. 換気扇用のフィルターをぴったりサイズに切り取り、ファン用カバーに貼り付けます。

図A-14 換気扇用のフィルターを切って、ファン用カバーに貼り付ける

127

8. これで、できあがりです！

図A-15　煙吸い取り器の完成

付 録
B

暗くなるとほんのり光る 小さなライト

作・解説：テクノ手芸部

　明るさを測る照度センサーを使った、部屋が暗くなるとほんのり光る小さなライトです。

暗くなるとほんのり光る小さなライト

LEDの光は指向性が高いので、光をまんべんなく拡散させるためのキャップをかぶせると、きれいに周囲を照らすことができます。

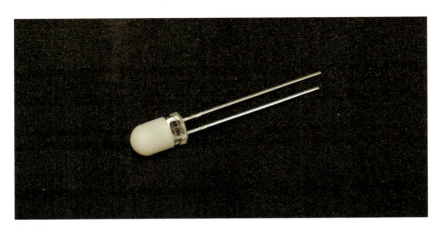

図B-1　LED光拡散キャップ

　同じ回路で麦球を使うこともできます。麦球は小さな電球です。消費電力がLEDに比べて大きいので乾電池で長時間つけたままにすることはできませんが、温かみのある、きれいな明かりを作ることができるのでお勧めです。

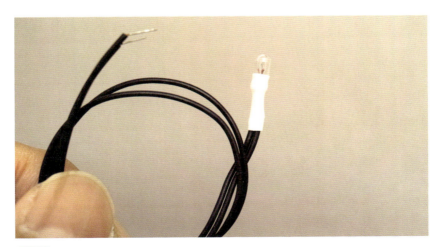

図B-2　柔らかい明かりを作る麦球

材料

- □ LED＋LED光拡散キャップ、あるいは3V麦球
- □ 照度センサー
- □ スイッチつき電池ボックス（単三乾電池x2）
- □ 抵抗510KΩ
- □ FET 2SK2232
- □ ユニバーサル基板
- □ 模型用の真鍮パイプ（外形3mm程度）、あるいは竹串などの棒
- □ プラ板0.5mm厚、あるいはボール紙など
- □ プラ板0.1mm厚、あるいはトレーシングペーパーなど

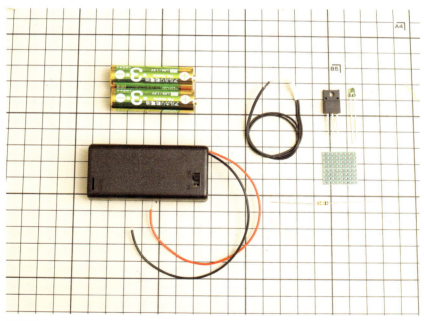

図B-3 使用する主なパーツ（麦球仕様）：単三乾電池x2、スイッチつき電池ボックス、麦球、FET 2SK2232、照度センサー、ユニバーサル基板、抵抗510KΩ

道具

- ☐ ハンダごてとハンダ
- ☐ 防護メガネ
- ☐ ニッパー
- ☐ サークルカッター
- ☐ グルーガン、あるいは接着剤

入手先

- ● 電子部品：秋月電子通商
- ● 麦球、真鍮パイプ、プラバン：ホームセンター・模型店など

作り方

1. 真鍮パイプを40mm程度の長さに切り、LED（麦球）の電線を通します。竹串などの棒を使うこともできます。そのときには、棒の先にランプを接着剤などで固定してください。

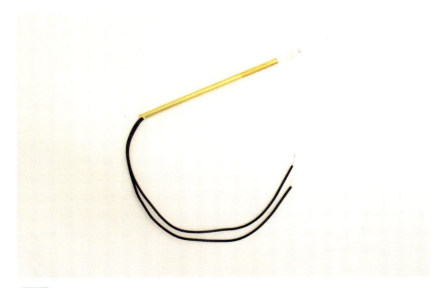

図B-4　真鍮パイプに通した麦球

2. 回路をユニバーサル基板上に組み立てます。図B-5、図B-6の回路図を参考にしてみてください。照度センサーにあたる光の強さによってランプが点灯したり消灯したりします。

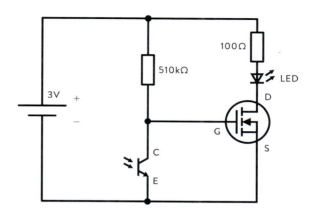

図B-5　LEDを使った回路図

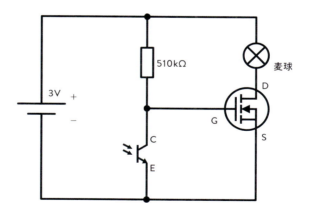

図B-6　麦球を使った回路図

133

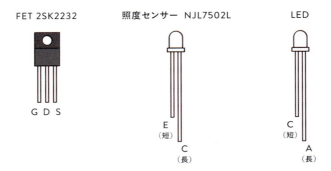

図B-7　回路図のFET 2SK2232、照度センサーNJL7502L、LEDの読み方

3. ランプシェードを作ります。ボール紙やプラ板などをカッターで切り抜いて作ります。上下のパーツは厚めの素材で、側面のパーツは光を通す薄めの素材で作りましょう。

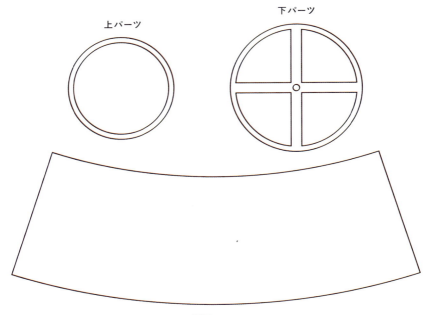

図B-8　ランプシェードの型紙

4. 部品ができあがったら接着剤やグルーガンなどで部品同士を固定します。

5. ランプシェードに布などを貼り付けるとかわいい仕上がりになります。

図B-9　完成！

索 引

数字・記号

0805 LED	108
60/40 鉛入りハンダ	043
7812	047
#6-32	052

A

Adafruit PCB Ruler	102, 103

B

ball grid array	104
BGA	104

C

Chip Quik 表面実装取り外しキット	106, 107, 115
Chip Quik フラックス	115

F

FET	134

H

Hobby Creek のサードハンド	037

I

IC	062, 086, 098
配置した IC の仮止め	111
IC のハンダづけ	112
IC ソケット	063

L

learn to solder	002
LED	130
LED 光拡散キャップ	130
lineman's splice	073

M

M3	052

N

NASA	073
NASA workmanship standards	075

O

One PCB to Ruler Them All	102, 103

P

PanaVise Jr の基板ホルダー	038
PSE マーク	018

R

RoHS	043

S

SAC305	043
SMD	097
SMD-21	106
SMD-51	106
SMT	097
SOIC8用表面実装ピッチ変換基板	107
soldering	001

T

Thingiverse ································ 038

U

ULリスト ································ 018
Underwriters Laboratory················ 018

い

イソプロピルアルコール ················ 063
いもハンダ ······························· 087

え

エレクトロニクスのハンダづけ ··········· 009

お

オートマチック・ワイヤー・ストリッパー ··· 031

か

拡大鏡 ·······························099, 100
ガス式ハンダごて ························ 025
家庭用コンセント ······················· 056
紙箱で作るハンダの煙吸い取り器 ······· 119

き

基板なしでハンダづけする ··············· 072
基板ホルダー ·······················037, 038
吸煙器 ·································· 034
吸着ピンセット ························· 103
銀ロウづけ ····························· 004

く

暗くなるとほんのり光る小さなライト ····· 129

け

ゲージ ·································· 043

こ

コールドジョイント ····················· 082
こて先クリーナー ···········027, 028, 089
こて先の保護 ·····················058, 059
こて先復活剤 ···························· 061

さ

サークルカッター ························ 122
サードハンド ··························· 035
作業場所 ······························· 057
三端子レギュレーター ··················· 047
サンドペーパー·························· 061

し

磁石がついたパーツ皿 ·················· 014
自動ハンダ吸い取り器 ··········092, 093
消火器 ·································· 057
照度センサー ··························· 134
初心者用ハンダごて ···················· 018
シリコンマット ························· 102
真鍮パイプ ····························· 132

す

ステーション型ハンダごて················ 020

せ

静電気除去リストバンド ················· 062
静電防止精密ピンセット ················· 101
精密ニッパー···························· 030
精密ピンセット ························· 101
接合 ·······················002, 009, 075
接合端子 ······························· 075
接点の腐食···························· 083

137

そ

ソルダリング ································· 001

た

多機能 PCB ルーラー ··············· 102, 103
断熱性シリコン修理マット ··············· 102

つ

通電回路 ······························· 056

て

電気タイマー ···························· 026
電子工作用ニッパー ······················ 030
電池 ·································· 056

と

銅製のクランプ ························· 066
独立型デジタル拡大鏡 ··················· 101
ドラッグハンダづけ ····················· 112
トラブルシューティング ·················· 081
　動かしすぎた ······················· 087
　熱しすぎた ························· 086
　ハンダが足りない ··················· 083
　ハンダをのせすぎた ················· 084
　部品の足を基板にハンダづけした ···· 088

な

鉛入りハンダ ······················040, 056
鉛フリーハンダ ····················040, 042
軟ロウづけ ······················003, 004

に

ニッパー ······························· 029
ニューリレークリーナー ·················· 063

ぬ

ぬれ ··············· 068, 076, 082, 105

ね

熱収縮チューブ ········ 036, 072, 078, 079

は

はがれたランドの修復 ····················· 094
白光小型音調式はんだごて デジタルタイプ
　FX888D ·························· 021
白光のこて先 ························· 027
ハンダ ···························· 040
ハンダが足りない ··················· 083
ハンダごて ························· 014
ハンダごてスタンド ················· 021
ハンダごての温度調節機能 ············· 017
ハンダごての購入 ··················· 016
ハンダごての持ち手 ················· 016
ハンダごてのこて先 ················· 027
ハンダごてのワット数 ··············· 017
ハンダ吸い取り器 ·········· 084, 091, 092
ハンダ吸い取り線 ···· 084, 090, 091, 112
ハンダづけ ·················001, 009
ハンダづけした部分を保護する········ 078
ハンダづけによる銅管修理 ··········· 004
ハンダづけヘルパー ················· 035
ハンダの除去 ·············· 085, 088, 089
ハンダブリッジ ················089, 112
ハンダめっき ················058, 059
ハンダ線の直径 ··················· 043
ハンダをのせすぎた ················· 084

ひ

ヒートガン ························· 079
火おこしトーチ ··················· 018
ピストルタイプのハンダごて··········· 023
ピッチ変換基板 ··················· 106
表面実装 ························· 097
表面実装部品 ····················· 097

表面実装部品取外しキット（サンハヤト）106
表面実装部品のハンダづけ
　　　　……………………………… 097, 108, 109

───
ふ

ファイヤースティック ………………………… 018
不安定な接合点 ………………………………… 087
フットプリント………………………………… 103
部品の足を基板にハンダづけした失敗の修理
　　　………………………………………… 088
部品の端子に配線をハンダづけする …… 076
プラスティック溶接 ………………………… 008
フラックス ……………………………………… 042
フラックス入りハンダ …………… 042, 105
フラックスペン ……………………… 105, 109
プリント基板をハンダづけする
　　こて先を当てる ………………………… 067
　　接点をきれいにする…………………… 063
　　配置した部品を固定する …………… 064
　　ハンダを流す…………………………… 067
　　部品の足を切る ………………………… 070
　　部品の足を曲げる …………………… 064
プリント基板…………………………………… 062
プロ用ハンダごて …………………………… 015

───
へ

ペンチ …………………………………………… 029

───
ほ

防護メガネ……………………………… 012, 057
保線夫結び ……………………………… 073, 074
放電式ハンダごて …………………………… 025
ホットエアー………………………… 099, 104

───
み

ミニチュアニッパー ………………………… 030
ミント缶吸煙器………………………… 034, 045

───
む

麦球 ……………………………………………… 130

───
や

ヤスリ …………………………………………… 061
ヤニ ……………………………………………… 042

───
よ

溶接 ……………………………………………… 006
ヨリ線用ワイヤーストリッパー ………… 033

───
ら

ラインマンズスプライス…………………… 073
ラグ端子 ………………………………………… 069
ランプシェード………………………………… 134

───
り

リード線を切断する ………………………… 013
リキッド絶縁テープ………………………… 079
リフローオーブン…………………………… 099

───
ろ

ロジン …………………………………………… 042
ロジンフラックス……………………………… 042

───
わ

ワイヤーストリッパー ……………………… 031
ワニ口クリップ ……………………………… 066

139

監訳者あとがき

こんにちは。

テクノ手芸部のかすやきょうこです。本書の監訳をテクノ手芸部のよしだともふみとともに担当しました。テクノ手芸部というのはものづくりユニットです。手芸とテクノロジーを組み合わせた作品を発表したり、ワークショップでみなさんと一緒に、作る楽しさを体験する機会を作っています。手芸と電子工作を組み合わせた作品では、電子回路を作るときにハンダづけをせずに、電気が通る糸を使って縫って回路を作ることもあります。

難しそうなハンダづけをせずにすむ方法があるならそちらのほうがよさそうだと思う方もいるかもしれません。しかし、やはり糸ならではのテクニックが必要だったり、もちろん、使う場所によって向き不向きがあるのです。

テクノ手芸に限らずハンダづけができるようになると、作れるものの幅が広がり、ものづくりが楽しくなると思います。LEDで自分の部屋にぴったりの照明を作ったり、センサーで何かを測ってものを動かしたり、作りたいもののアイデアを形にする1つの方法として、ぜひハンダづけをマスターしてください。

日本の読者で、久しぶりにハンダづけをしようとする人は中学校の授業のとき以来でしょうか。私も中学校での体験からしばらく経って、再びハンダづけをするようになりました。しかしよく調べずに何となくハンダづけをしていたので危険な目にあったり、ハンダづけすることに自分は向いていないのではと思うこともありました。本書を先に読んでいたら、そんな目に合わずに済んだかもしれませんね。

みなさんにより安全に配慮する重要性を知ってもらうために、私がどのような危険な目にあったのか、少々恥ずかしいですが紹介しましょう。それは間違った場所に部品をハンダづけしてしまったのを外そうとしたときでした。ハンダを熱しながら部品を外すために動かしているときに、ふいに外れた部品とともにハンダが飛びました。幸い、頬をかすめただけだったので大した火傷にはなりませんでした。しかし、防護メガネを（その重要性を知らずに）着用していなかったので、本当に冷や汗をかきました。本書にあるように防護メガネをかけ、ハンダをきれいに取り除いてから部品を外せば危険性が減っていたことでしょう。それ以降、

危ないなと感じる機会は少なくなりましたが、これまでの実感として、危険を感じる瞬間は順調にハンダづけをしているときよりも、うまくいかなかったり修正しようとしているときが多かったように思います。失敗に焦り、つい自己流で何とかしようとしてしまったりすることも理由の1つかもしれませんね。そういったときこそ、本書で紹介する修正方法を参考にしながら、落ち着いて正しい手順でハンダづけをすることをお勧めします。

　安全に配慮するという点についてもう1つ。ワークショップや授業でハンダづけを教える人は特にしっかりと安全について知る必要があり、教える必要があるということです。本書で「ハンダづけで**最も重要**なのはハンダごてよりも安全」と書かれている通りですね。本書で挙げられている気をつけるべき点に加えて、ワークショップや授業特有の危険もあります。たとえば、作業している人の近くで歩き回ってぶつかって火傷をさせてしまったり、ワークショップに付き添って近くで見ている人にまで、ハンダや切ったリード線が飛んでしまったり……。シチュエーションに合わせてどんな危険があるかを常に考えて、ワークショップや授業を構成してください。

　ハンダごてについてですが、私も本書に登場するようなステーション型のハンダごてを使っています。やはりこれまで使っていた価格の安いものよりも使い勝手がよく、気に入っています。これ以外にもUSB給電のハンダごても使っています。使い勝手はステーション型に比べてやはり劣りますが、出先やコンセントから離れた場所での作業にはもってこいです。最近も新しいUSB給電のハンダごてが発売されたので試してみているところです。

　このように、ハンダごての仕組みはシンプルに思えますが、細かな使い勝手や機能がアップデートされて現在も新しい機種が次々と登場しています。お気に入りのハンダごてをすでに持っている人もぜひ、最近の新しいハンダごてにどんなものがあるかチェックしてみてください。

　ハンダづけは、すごく細かな表面実装部品でないかぎり、一度マスターすれば決して難しいものではありません。最初のとっかかりや道具を揃えることは少々難しく感じるかもしれませんが、ぜひハンダづけをマスターしてものづくりを楽しんでください。

2018年7月　テクノ手芸部 かすやきょうこ

〔著者紹介〕

Marc de Vinck（マーク・ド・ヴィンク）

熱心な製品デザイナー、キットメーカー、書籍の著者、父親、ティンカラー、そして
「Make:」のテクニカルアドバイザリーボードのメンバー。

〔監訳者紹介〕

テクノ手芸部（てくのしゅげいぶ）

2008年結成のかすやきょうこ（金沢出身）とよしだともふみ（高崎出身）によるアートユニット。電子工作と手芸を組み合わせた工作を「テクノ手芸」と名づけ、分野を超えたものづくりを提案している。各地でワークショップ、展示等を展開。
http://techno-shugei.com/

〔翻訳者紹介〕

鈴木英倫子（すずき えりこ）

主に「すずえり」の名前でサウンド・アーティストとして活動。近年の活動にハーバード大学大学院音楽学会（2018年）での発表など。翻訳書に『エレクトロニクスをはじめよう』（オライリー・ジャパン）があります。テクノ手芸部よしだ氏とは動物園仲間。
http://suzueri.org

143

ハンダづけをはじめよう

2018年 8月 9日 初版第1刷発行

著者： Marc de Vinck（マーク・ド・ヴィンク）
監訳者： テクノ手芸部（てくのしゅげいぶ）
訳者： 鈴木 英倫子（すずき えりこ）

発行人： ティム・オライリー
編集協力： 大内 孝子
翻訳協力： 斉田 一樹
カバーイラスト： STOMACHACHE.
カバーデザイン： 中西 要介（STUDIO PT.）
本文デザイン： 寺脇 裕子
印刷・製本： 日経印刷株式会社

発行所： 株式会社オライリー・ジャパン
〒160-0002 東京都新宿区四谷坂町12番22号
Tel（03）3356-5227　Fax（03）3356-5263
電子メール japan@oreilly.co.jp

発売元： 株式会社オーム社
〒101-8460 東京都千代田区神田錦町3-1
Tel（03）3233-0641（代表）　Fax（03）3233-3440

Printed in Japan（978-4-87311-852-9）

本書は著作権上の保護を受けています。本書の一部あるいは全部について、
株式会社オライリー・ジャパンから文書による許諾を得ずに、
いかなる方法においても無断で複写、複製することは禁じられています。